Inhalt

W0344552

Schrittweise addieren

1 Rechne schrittweise.

Du kannst auch das Zahlenbild oder den Rechenstrich zeichnen.

26 + 18 = 44
26 + 10 = 36
36 + 8 = 44

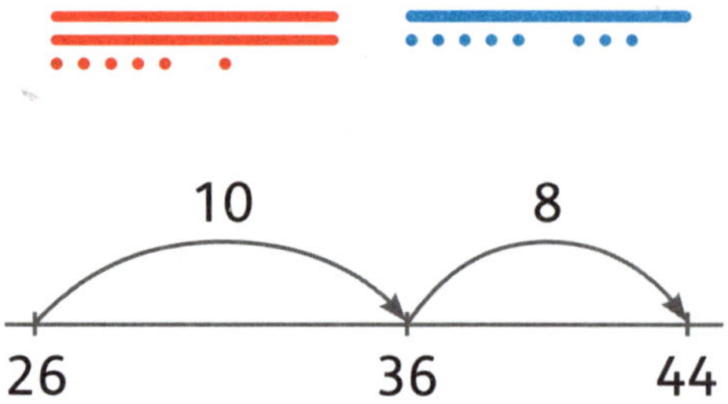

a)

43 + 38 = 81	56 + 36 = 92	72 + 19 = 71	35 + 39 = 74
43 + 30 = 73	56 + 30 = 86	72 + 10 = 82	35 + 30 = 65
73 + 8 = 81	86 + 6 = 92	82 + 9 = 71	65 + 9 = 74

b)

44 + 46 = 90	37 + 39 = 76	29 + 15 = 44	18 + 74 = 72
44 + 40 = 84	37 + 30 = 67	29 + 10 = 39	18 + 70 = 88
84 + 6 = 90	67 + 9 = 76	39 + 5 = 44	88 + 4 = 72

Schrittweise addieren

2 Rechne schrittweise.

a)	43 + 35 = ___	47 + 28 = ___	51 + 21 = ___	55 + 14 = ___
	+ 30 = ___	+ 20 = ___	+ ___ = ___	+ ___ = ___
	+ ___ = ___	+ ___ = ___	+ 1 = ___	+ 4 = ___
b)	44 + 48 = ___	55 + 39 = ___	66 + 27 = ___	77 + 16 = ___
	+ ___ = ___	+ ___ = ___	+ ___ = ___	+ ___ = ___
	+ ___ = ___	+ ___ = ___	+ ___ = ___	+ ___ = ___
c)	28 + 38 = ___	37 + 57 = ___	36 + 46 = ___	19 + 49 = ___
	+ ___ = ___	+ ___ = ___	+ ___ = ___	+ ___ = ___
	+ ___ = ___	+ ___ = ___	+ ___ = ___	+ ___ = ___
d)	33 + 57 = ___	28 + 45 = ___	56 + 28 = ___	39 + 24 = ___
	+ ___ = ___	+ ___ = ___	+ ___ = ___	+ ___ = ___
	+ ___ = ___	+ ___ = ___	+ ___ = ___	+ ___ = ___

Mit Hilfsaufgaben addieren

1 Hilfsaufgaben. Du kannst auch den Rechenstrich zeichnen.

26 + 49 = ___
26 + 50 = 76
76 − 1 = ___

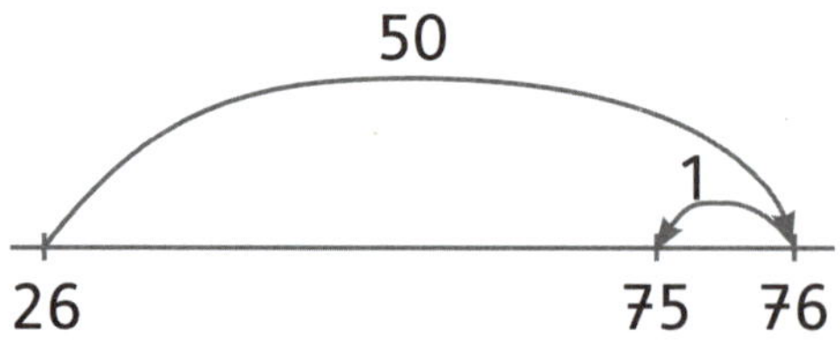

a) 35 + 28 = ___   35 + 18 = ___   25 + 38 = ___   25 + 48 = ___
___ + 30 = ___   ___ + 20 = ___   ___ + 40 = ___   ___ + 50 = ___
___ − 2 = ___   ___ − 2 = ___   ___ − 2 = ___   ___ − 2 = ___

b) 53 + 29 = ___   53 + 18 = ___   43 + 39 = ___   43 + 48 = ___
___ + ___ = ___   ___ + ___ = ___   ___ + ___ = ___   ___ + ___ = ___
___ − ___ = ___   ___ − ___ = ___   ___ − ___ = ___   ___ − ___ = ___

Mit Hilfsaufgaben addieren

2 Rechne mit der Hilfsaufgabe.

a)	45 + 18 = ___	25 + 29 = ___	63 + 19 = ___	36 + 38 = ___
	+ =	+ =	+ =	+ =
	− 2 =	− 1 =	− 1 =	− 2 =
b)	46 + 28 = ___	77 + 19 = ___	38 + 29 = ___	11 + 79 = ___
	46 + =	+ 20 =	+ =	+ =
	− =	− =	− =	− =
c)	29 + 29 = ___	38 + 38 = ___	26 + 69 = ___	11 + 78 = ___
	+ =	+ =	+ =	+ =
	− =	− =	− =	− =
d)	17 + 49 = ___	37 + 48 = ___	33 + 29 = ___	
	+ =	+ =	+ =	
	− =	− =	− =	

Stellenweise addieren

1 Rechne stellenweise. Du kannst auch das Zahlenbild zeichnen.

32 + 43 = 70 + 5 = ____
30 + 40
2 + 3

a) 43 + 51 = 90 + 4 = ____
40 + 50
3 + 1

37 + 26 = ____ + ____ = ____
30 + 20
7 + 6

26 + 25 = ____ + ____ = ____
20 + 20
6 + 5

b) 73 + 15 = ____ + ____ = ____
____ + ____
____ + ____

65 + 17 = ____ + ____ = ____
____ + ____
____ + ____

82 + 11 = ____ + ____ = ____
____ + ____
____ + ____

Stellenweise addieren

2 Rechne stellenweise mit Zehner und Einer extra.

a) 28 + 52 = 70 + 10 = ___ 37 + 54 = ___ + ___ = ___ 46 + 36 = ___ + ___ = ___
20 + 50 30 + ___ 40 + ___
8 + 2 ___ + ___ ___ + ___

b) 22 + 25 = ___ + ___ = ___ 33 + 25 = ___ + ___ = ___ 44 + 25 = ___ + ___ = ___
___ + ___ ___ + ___ ___ + ___
___ + ___ ___ + ___ ___ + ___

c) 35 + 53 = ___ + ___ = ___ 37 + 32 = ___ + ___ = ___ 39 + 52 = ___ + ___ = ___
___ + ___ ___ + ___ ___ + ___
___ + ___ ___ + ___ ___ + ___

d) 55 + 25 = ___ + ___ = ___ 55 + 28 = ___ + ___ = ___ 33 + 26 = ___ + ___ = ___
___ + ___ ___ + ___ ___ + ___
___ + ___ ___ + ___ ___ + ___

Aufgaben am Rechenstrich

1 Welche Beschreibung passt zur Rechnung? Verbinde.

44 + 18 = ____

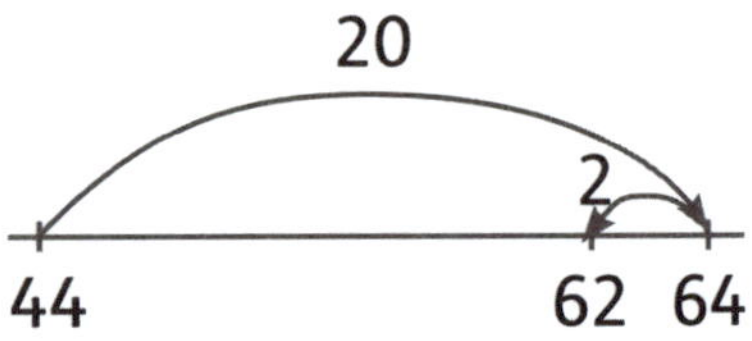

14 + 26 = ____

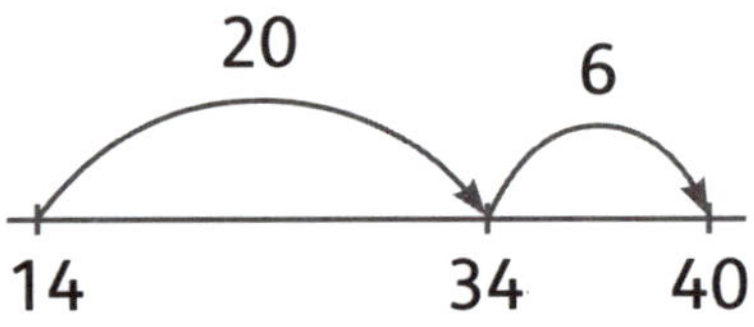

36 + 17 = ____

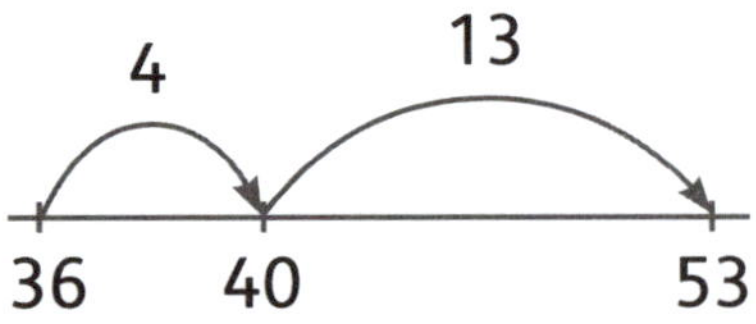

Ich rechne schrittweise. Zuerst die Zehner dazu. Dann noch die Einer.

Ich rechne schrittweise. Zuerst zum nächsten Zehner, dann den Rest dazu.

Ich rechne mit einer Hilfsaufgabe. Zuerst die Zehner dazu, dann ziehe ich ab, was zu viel ist.

39 + 32 = ____

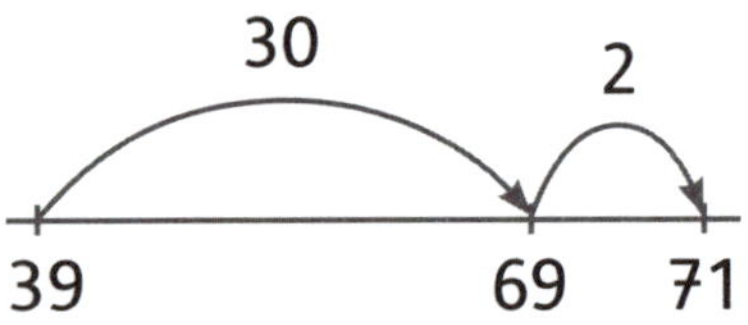

24 + 29 = ____

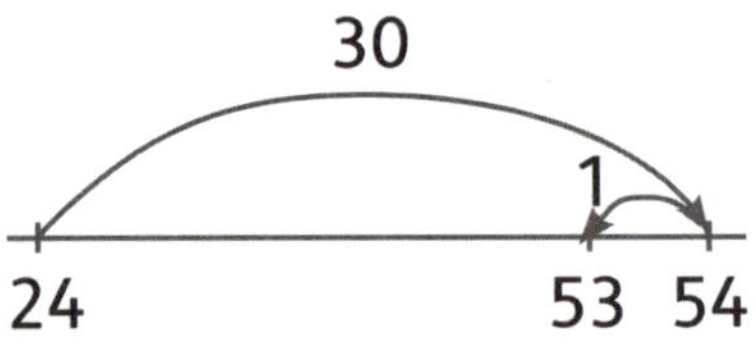

46 + 18 = ____

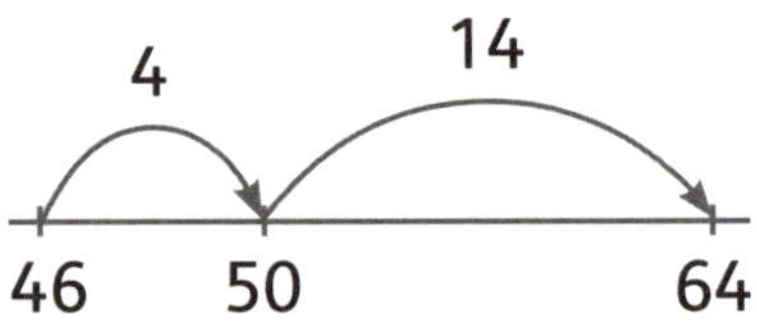

2 Hilfsaufgabe (H) oder Schrittweise (S). Löse mit dem Rechenstrich und kreuze an.

a) 44 + 14 = ____

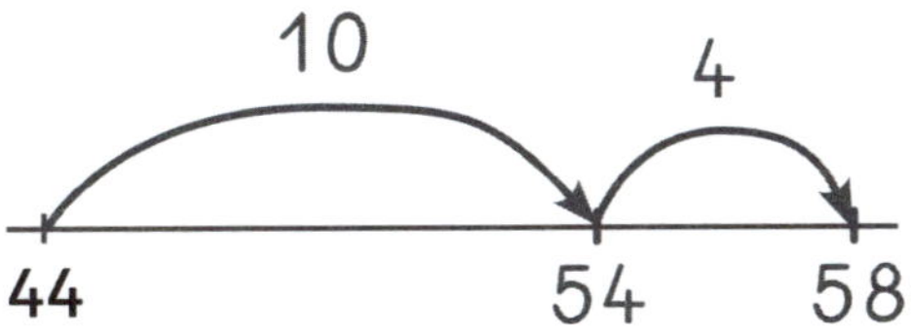

☐ H
☒ S

b) 31 + 28 = ____

31

☐ H
☐ S

c) 53 + 42 = ____

53

☐ H
☐ S

d) 46 + 45 = ____

46

☐ H
☐ S

e) 62 + 29 = ____

62

☐ H
☐ S

f) 73 + 26 = ____

73

☐ H
☐ S

Aufgaben am Rechenstrich

1 Welche Plusaufgaben wurden gerechnet?

Schreibe auf und kreuze an: Mit Hilfsaufgabe (H) oder Schrittweise (S).

a)

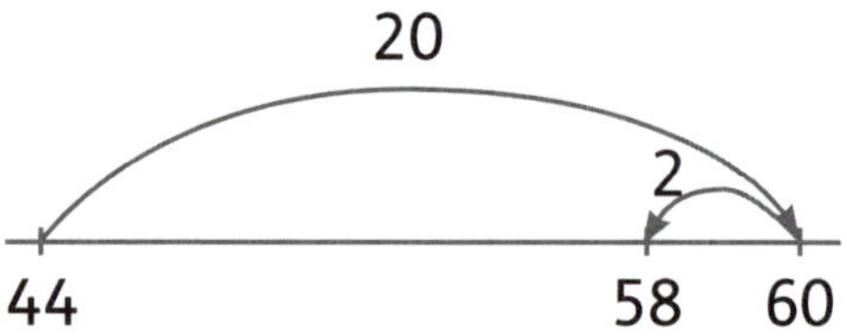

☒ H
☐ S

44 + 18 = 58

b)

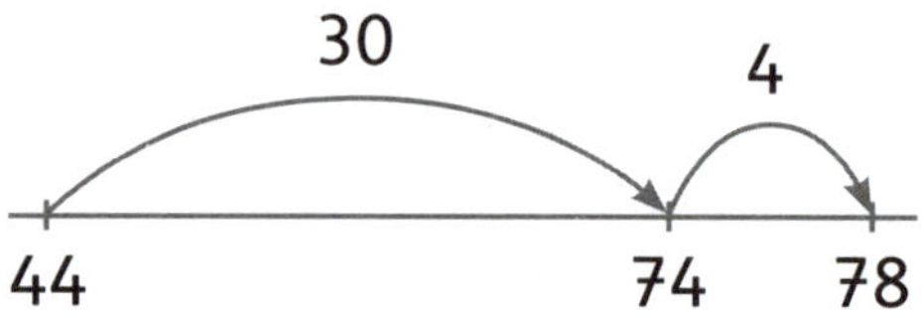

☐ H
☐ S

c)

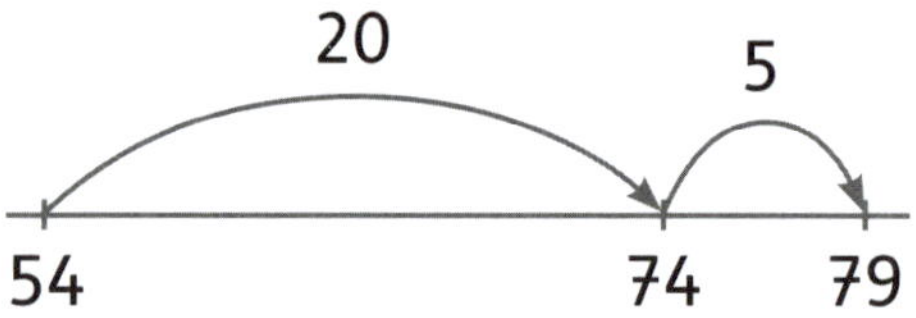

☐ H
☐ S

d)

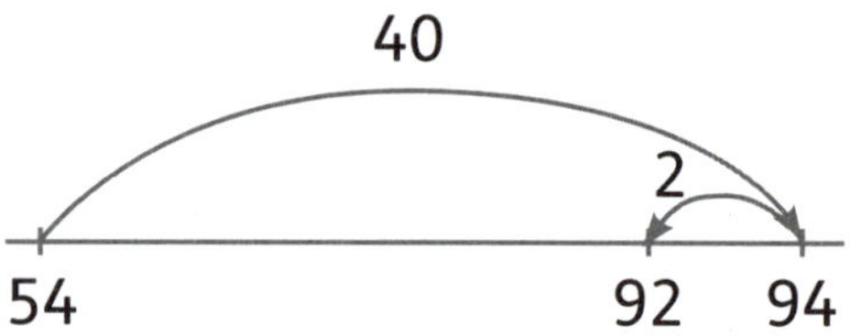

☐ H
☐ S

e)

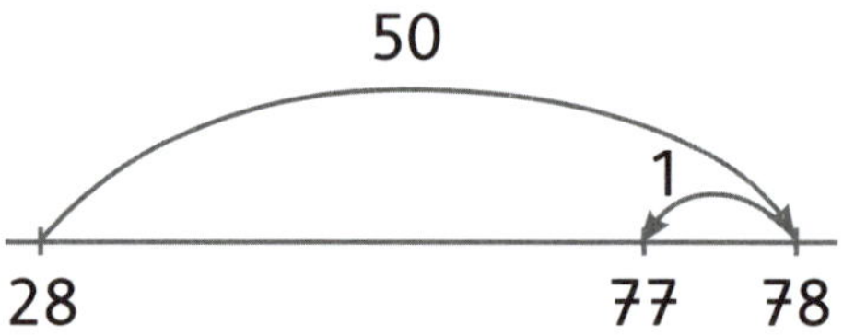

☐ H
☐ S

f)

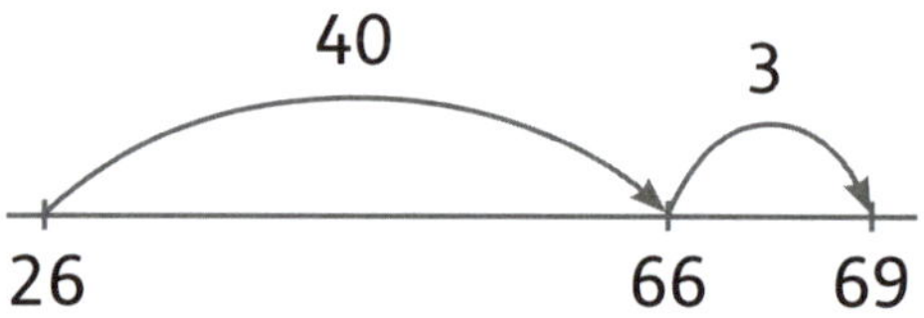

☐ H
☐ S

Aufgaben am Rechenstrich

2 Welche Plusaufgaben wurden gerechnet?

Schreibe auf und kreuze an: Mit Hilfsaufgabe (H) oder Schrittweise (S).

a)

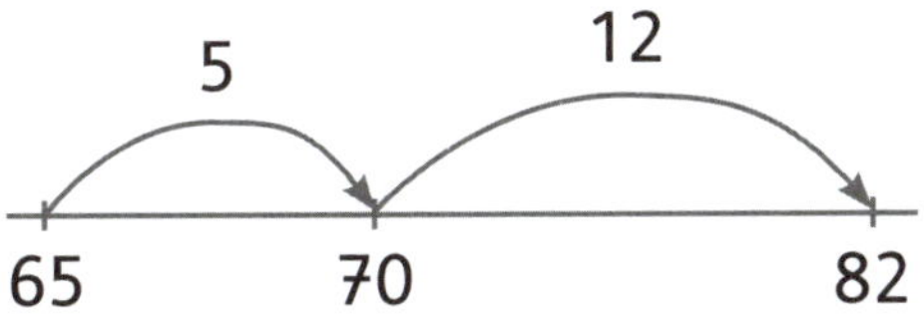

☐ H
☐ S

____

b)

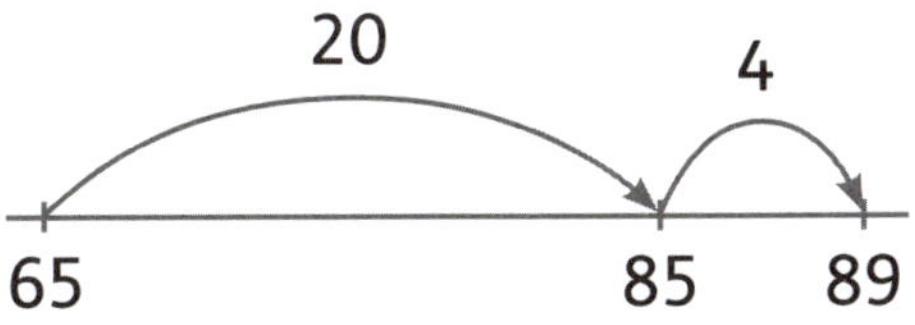

☐ H
☐ S

____

c)

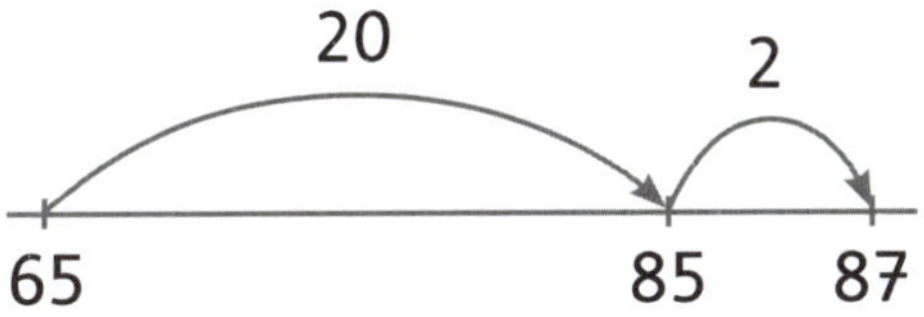

☐ H
☐ S

____

d)

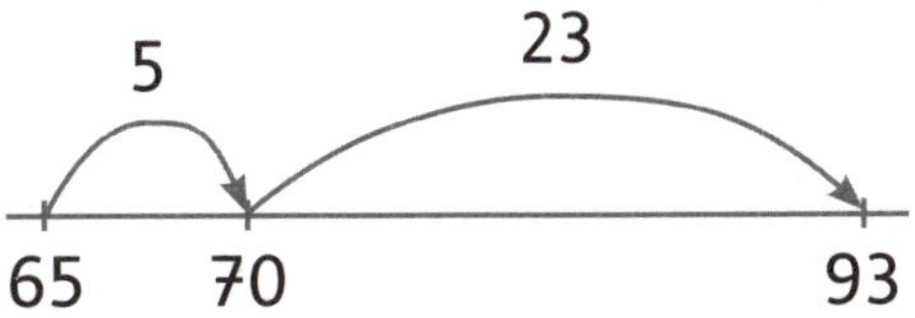

☐ H
☐ S

____

e)

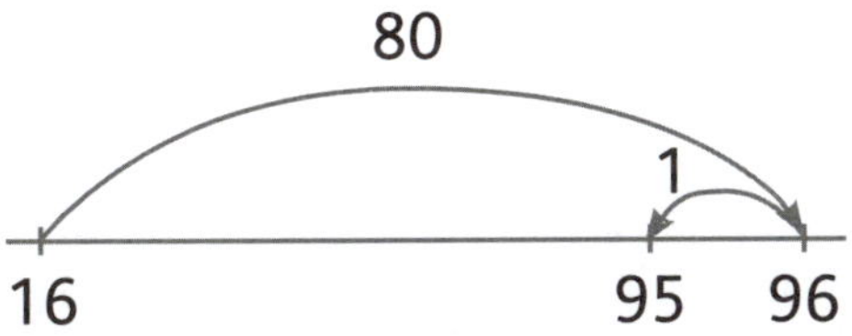

☐ H
☐ S

____

f)

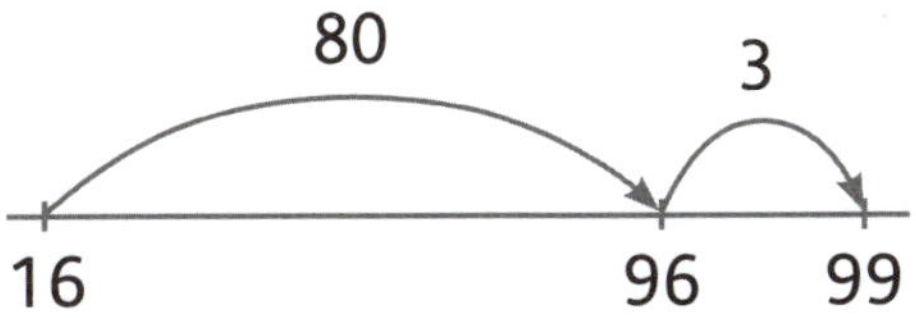

☐ H
☐ S

____

Geschickt addieren

1 Wie rechnest du? Kreuze an.

Schrittweise (S), Zehner und Einer extra (Z/E) oder mit einer Hilfsaufgabe (H).

a) 27 + 54 = 81

27 + 50 = 77

77 + 4 = 81

☐ H
☒ S
☐ Z/E

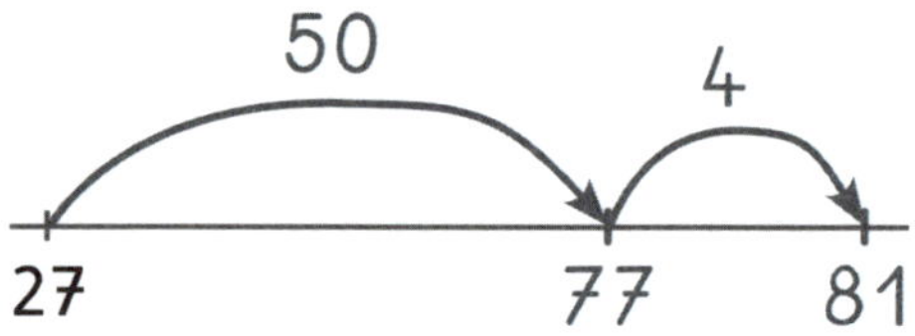

b) 27 + 39 = ____

☐ H
☐ S
☐ Z/E

c) 27 + 41 = ____

☐ H
☐ S
☐ Z/E

d) 27 + 47 = ____

☐ H
☐ S
☐ Z/E

Geschickt addieren

2 Rechne geschickt. Wie rechnest du? Kreuze an.

a) 33 + 25 = ____

☐ H
☐ S
☐ Z/E

b) 23 + 55 = ____

☐ H
☐ S
☐ Z/E

c) 19 + 48 = ____

☐ H
☐ S
☐ Z/E

d) 63 + 19 = ____

☐ H
☐ S
☐ Z/E

e) 57 + 28 = ____

☐ H
☐ S
☐ Z/E

f) 47 + 31 = ____

☐ H
☐ S
☐ Z/E

g) 62 + 37 = ____

☐ H
☐ S
☐ Z/E

h) 43 + 59 = ____

☐ H
☐ S
☐ Z/E

Schrittweise subtrahieren

1 Rechne schrittweise.

Du kannst auch das Zahlenbild oder den Rechenstrich zeichnen.

68 – 24 = ___
68 – 20 = 48
48 – 4 = ___

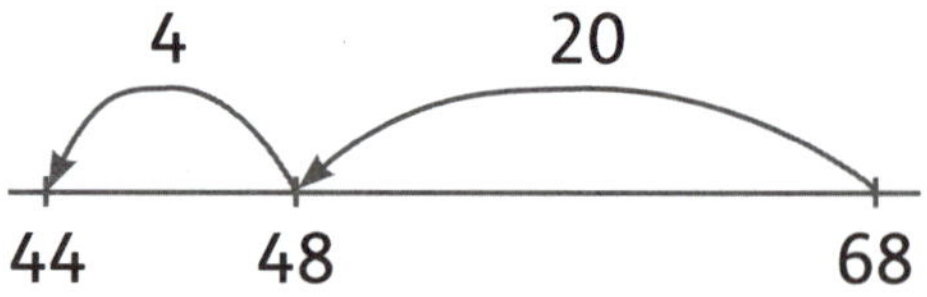

a) 96 – 13 = ___
96 – 10 = ___
___ – 3 = ___

84 – 32 = ___
84 – 30 = ___
___ – 2 = ___

75 – 42 = ___
75 – 40 = ___
___ – 2 = ___

85 – 19 = ___
85 – 10 = ___
___ – 9 = ___

b) 63 – 15 = ___
63 – 10 = ___
___ – 5 = ___

74 – 17 = ___
74 – 10 = ___
___ – 7 = ___

84 – 38 = ___
84 – 30 = ___
___ – ___ = ___

75 – 46 = ___
75 – 40 = ___
___ – ___ = ___

Schrittweise subtrahieren

2 Rechne schrittweise.

a)

87 − 48 =	82 − 33 =	73 − 44 =	51 − 12 =
− 40 =	− 30 =	− =	− =
− =	− =	− 4 =	− 2 =

b)

77 − 45 =	66 − 58 =	55 − 36 =	44 − 27 =
− =	− =	− =	− =
− =	− =	− =	− =

c)

91 − 22 =	75 − 36 =	63 − 24 =	84 − 55 =
− =	− =	− =	− =
− =	− =	− =	− =

d)

94 − 37 =	76 − 28 =	58 − 19 =
− =	− =	− =
− =	− =	− =

Mit Hilfsaufgaben subtrahieren

1 Rechne mit Hilfsaufgaben. Du kannst auch den Rechenstrich zeichnen.

76 − 49 = ___
76 − 50 = 26
26 + 1 = 27

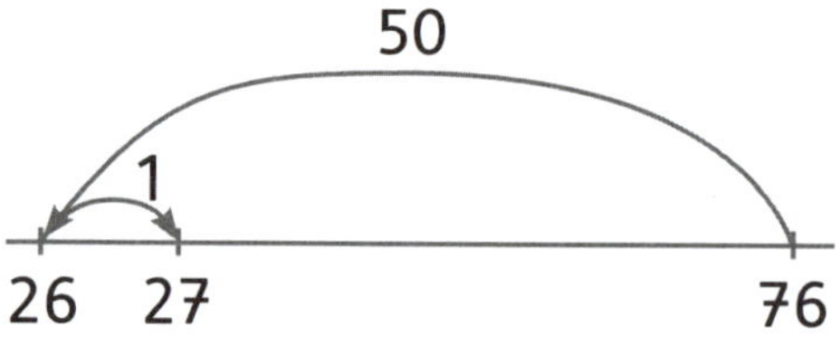

a) 76 − 39 = ___ | 76 − 29 = ___ | 76 − 59 = ___ | 76 − 19 = ___
76 − 40 = ___ | 76 − 30 = ___ | 76 − 60 = ___ | 76 − 20 = ___
___ + 1 = ___ | ___ + 1 = ___ | ___ + 1 = ___ | ___ + 1 = ___

b) 63 − 18 = ___ | 63 − 38 = ___ | 63 − 28 = ___ | 63 − 48 = ___
___ − 20 = ___ | ___ − 40 = ___ | ___ − 30 = ___ | ___ − 50 = ___
___ + 2 = ___ | ___ + ___ = ___ | ___ + ___ = ___ | ___ + ___ = ___

Mit Hilfsaufgaben subtrahieren

2 Rechne mit der Hilfsaufgabe.

a) 80 − 29 = ___ | 71 − 38 = ___ | 62 − 48 = ___ | 53 − 39 = ___
___ − ___ = ___ | ___ − ___ = ___ | ___ − ___ = ___ | ___ − ___ = ___
___ + 1 = ___ | ___ + 2 = ___ | ___ + 2 = ___ | ___ + 1 = ___

b) 74 − 18 = ___ | 85 − 29 = ___ | 96 − 59 = ___ | 63 − 38 = ___
___ − ___ = ___ | ___ − ___ = ___ | ___ − ___ = ___ | ___ − ___ = ___
___ + ___ = ___ | ___ + ___ = ___ | ___ + ___ = ___ | ___ + ___ = ___

c) 66 − 47 = ___ | 55 − 37 = ___ | 44 − 27 = ___ | 33 − 17 = ___
___ − ___ = ___ | ___ − ___ = ___ | ___ − ___ = ___ | ___ − ___ = ___
___ + 3 = ___ | ___ + ___ = ___ | ___ + ___ = ___ | ___ + ___ = ___

d) 72 − 29 = ___ | 72 − 28 = ___ | 72 − 27 = ___
___ − ___ = ___ | ___ − ___ = ___ | ___ − ___ = ___
___ + ___ = ___ | ___ + ___ = ___ | ___ + ___ = ___

Stellenweise subtrahieren

1 Rechne stellenweise mit Zehner und Einer extra.
Du kannst auch das Zahlenbild zeichnen.

57 – 24 = 30 + 3 = ____
50 – 20
7 – 4

a) 68 – 24 = 40 + 4 = ____
60 – 20
8 – 4

99 – 71 = ___ + ___ = ____
90 – 70
9 – 1

78 – 34 = ___ + ___ = ____
70 – 30
8 – 4

b) 45 – 21 = ___ + ___ = ____
___ – ___
___ – ___

47 – 25 = ___ + ___ = ____
___ – ___
___ – ___

45 – 13 = ___ + ___ = ____
___ – ___
___ – ___

Stellenweise subtrahieren

2 Rechne stellenweise. Zehner und Einer extra.

a) 56 – 24 = 30 + 2 = 32
50 – 20
6 – 4

68 – 26 = ______
60 – ___
___ – ___

79 – 22 = ______
70 – ___
___ – ___

b) 85 – 33 = ______
80 – ___
___ – ___

46 – 22 = ______
50 – ___
___ – ___

27 – 11 = ______
20 – ___
___ – ___

c) 99 – 44 = ______
___ – ___
___ – ___

88 – 55 = ______
___ – ___
___ – ___

77 – 43 = ______
___ – ___
___ – ___

d) 74 – 31 = ______
___ – ___
___ – ___

75 – 23 = ______
___ – ___
___ – ___

76 – 15 = ______
___ – ___
___ – ___

Stellenweise subtrahieren

1 Rechne stellenweise. Du kannst auch das Zahlenbild zeichnen.

Ich muss den Zehner anbrechen. 30 – 4.

53 – 27 = 30 – 4 = ______
50 – 20
3 – 7

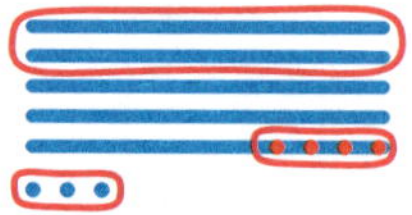

a) 35 – 16 = 20 – 1 = ______
30 – 10
5 – 6

35 – 18 = ______ = ______
30 – 10
5 – 8

43 – 16 = ______ = ______
40 – 10
3 – 6

b) 72 – 38 = ______ = ______
70 – 30
2 – 8

83 – 45 = ______ = ______
80 – 40
3 – 5

94 – 57 = ______ = ______
90 – 50
4 – 7

Stellenweise subtrahieren

2 Zehner und Einer extra.

a) $42 - 25 = 20 - 3 =$ ___ $53 - 26 =$ ___ $=$ ___ $64 - 27 =$ ___ $=$ ___

$40 - 20$ ___ $-$ ___ $-$ ___

$2 - 5$ ___ $-$ ___ $-$ ___

b) $75 - 46 =$ ___ $=$ ___ $84 - 58 =$ ___ $=$ ___ $93 - 77 =$ ___ $=$ ___

$-$ ___ $-$ ___ $-$ ___

$-$ ___ $-$ ___ $-$ ___

c) $66 - 38 =$ ___ $=$ ___ $55 - 27 =$ ___ $=$ ___ $44 - 16 =$ ___ $=$ ___

$-$ ___ $-$ ___ $-$ ___

$-$ ___ $-$ ___ $-$ ___

d) $82 - 55 =$ ___ $=$ ___ $82 - 66 =$ ___ $=$ ___ $83 - 44 =$ ___ $=$ ___

$-$ ___ $-$ ___ $-$ ___

$-$ ___ $-$ ___ $-$ ___

Aufgaben am Rechenstrich

1 Welche Beschreibung passt zur Rechnung? Verbinde.

54 − 18 = ____

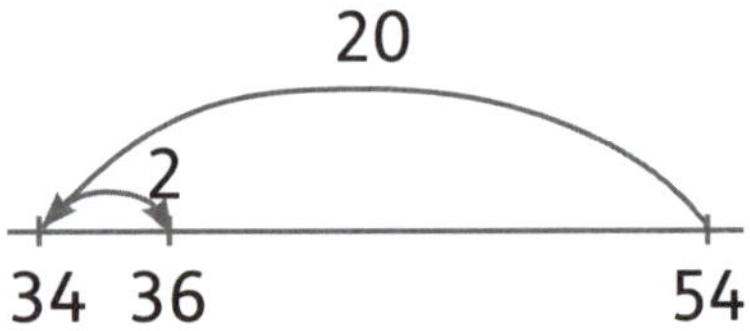

63 − 24 = ____

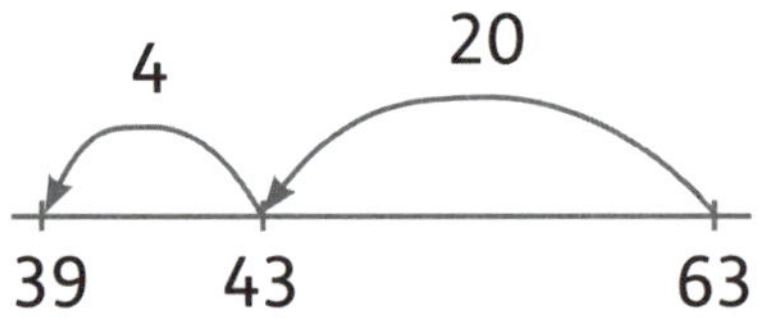

71 − 26 = ____

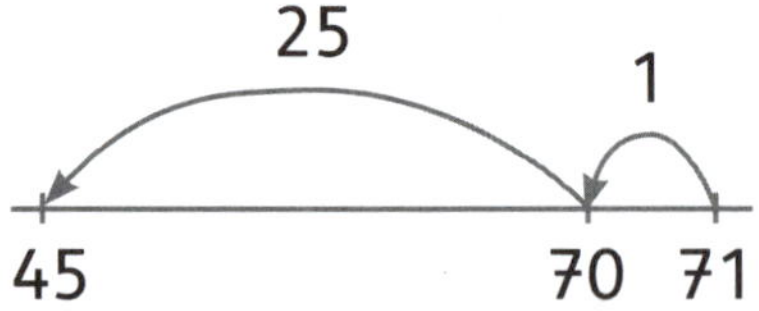

Ich rechne schrittweise. Erst die Zehner zurück, dann noch die Einer.

Ich rechne mit einer Hilfsaufgabe. Dann rechne ich die Einer wieder vor, die ich zu viel zurück gegangen bin.

Ich rechne schrittweise. Zuerst zum Nachbarzehner, dann den Rest zurück.

86 − 37 = ____

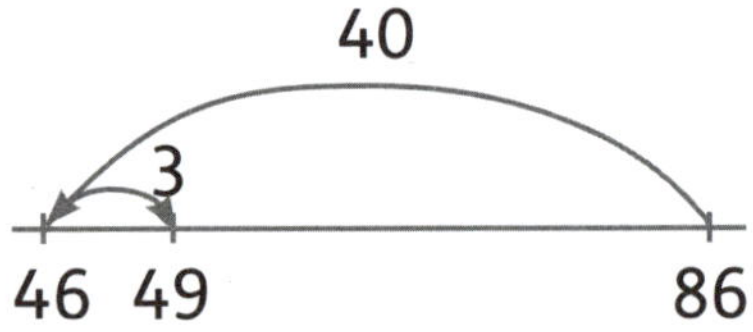

52 − 26 = ____

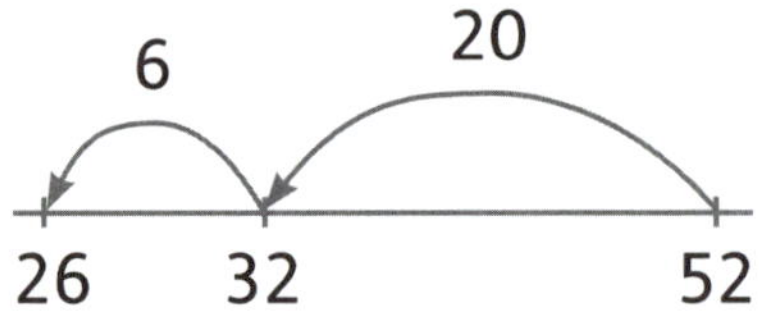

45 − 26 = ____

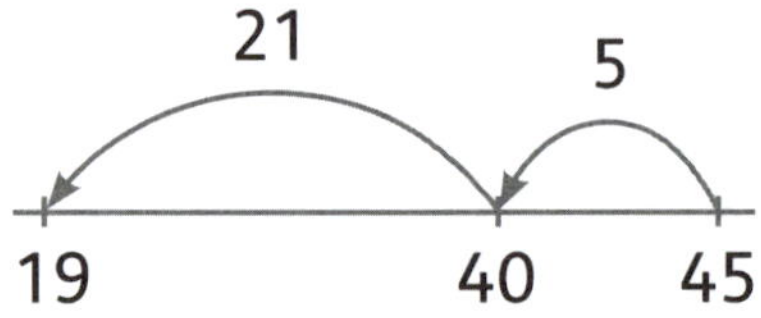

Aufgaben am Rechenstrich

2 Hilfsaufgabe (H) oder Schrittweise (S). Löse mit dem Rechenstrich und kreuze an.

a) 55 – 32 = ____

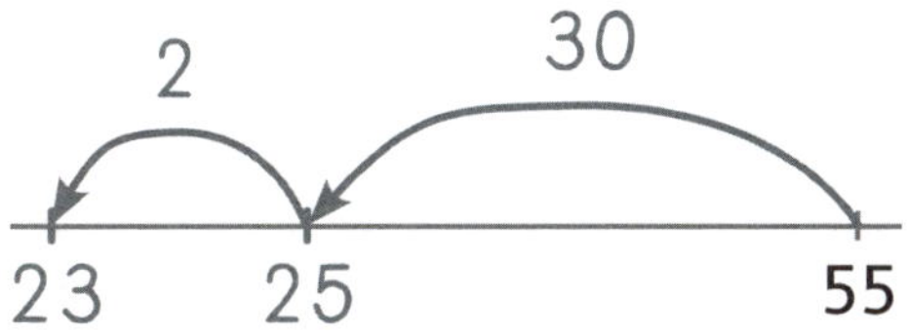

☐ H
☒ S

b) 66 – 43 = ____

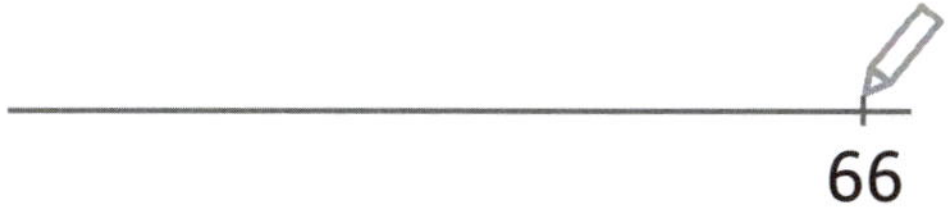

☐ H
☐ S

c) 72 – 28 = ____

☐ H
☐ S

d) 72 – 27 = ____

☐ H
☐ S

e) 36 – 29 = ____

☐ H
☐ S

f) 44 – 16 = ____

☐ H
☐ S

Aufgaben am Rechenstrich

1 Welche Minusaufgaben wurden gerechnet?

Schreibe auf und kreuze an: Mit Hilfsaufgabe (H) oder Schrittweise (S).

a)
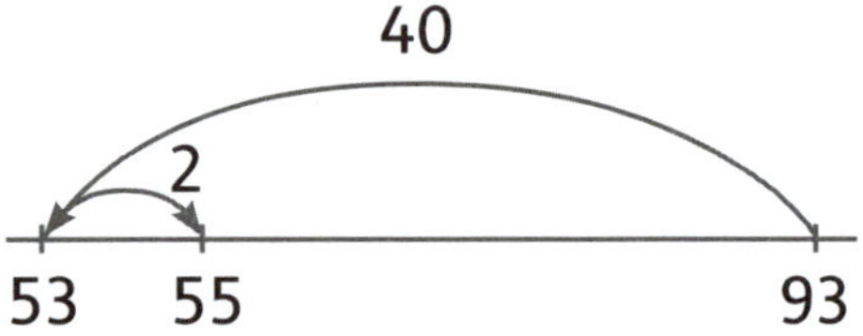

☒ H
☐ S

93 − 38 = 55

b)
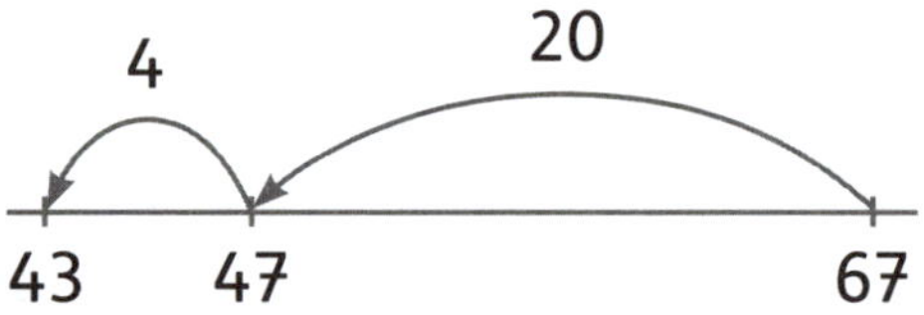

☐ H
☐ S

____

c)
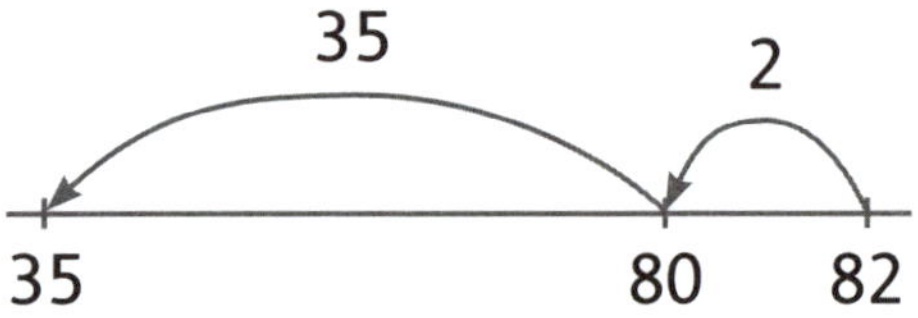

☐ H
☐ S

____

d)
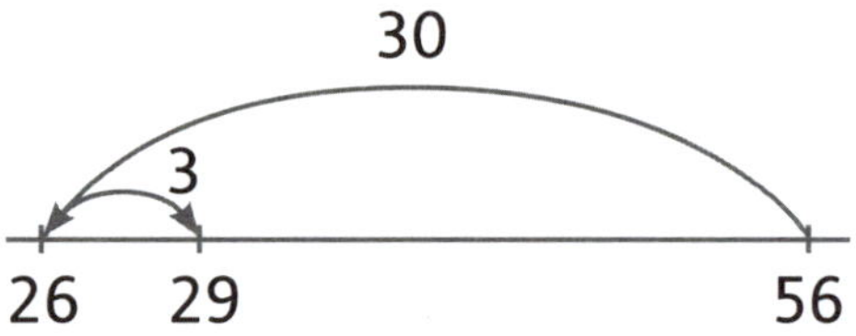

☐ H
☐ S

____

e)
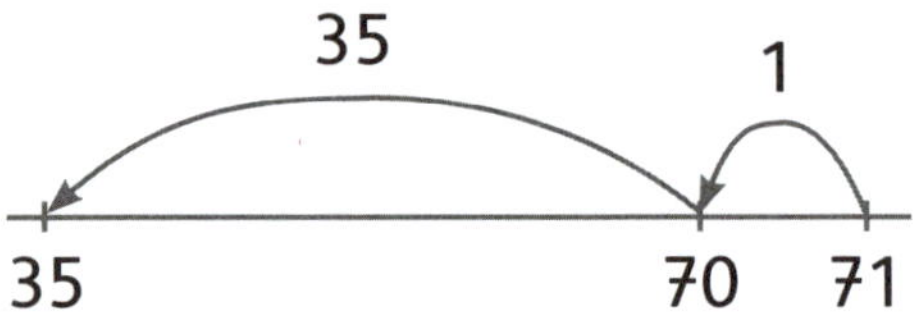

☐ H
☐ S

____

f)
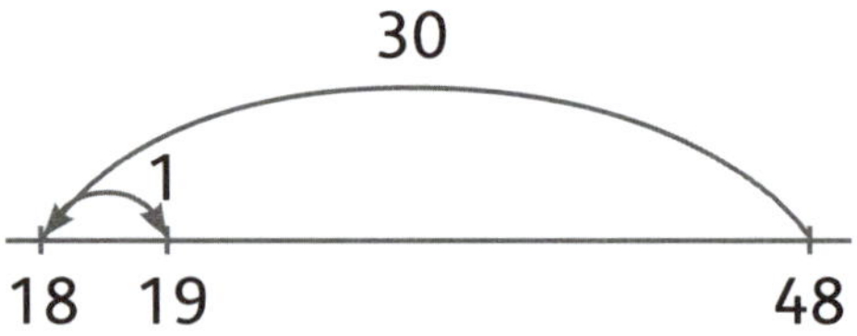

☐ H
☐ S

____

Aufgaben am Rechenstrich

2 Welche Minusaufgaben wurden gerechnet?

Schreibe auf und kreuze an: Mit Hilfsaufgabe (H) oder Schrittweise (S).

a)

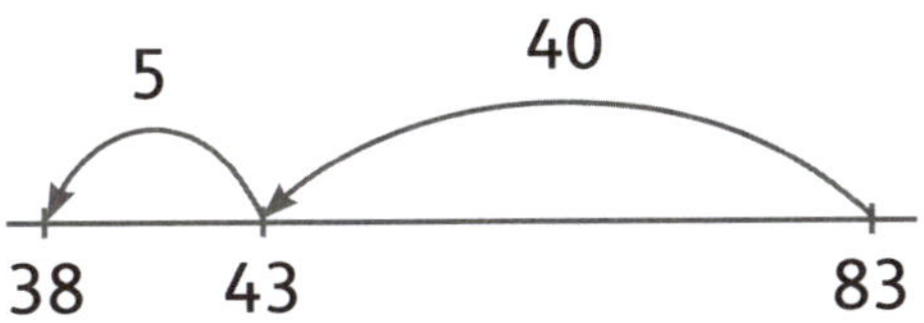

☐ H
☐ S

b)

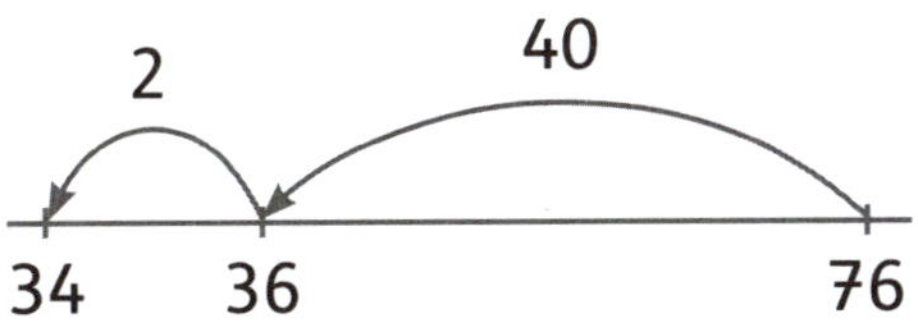

☐ H
☐ S

c)

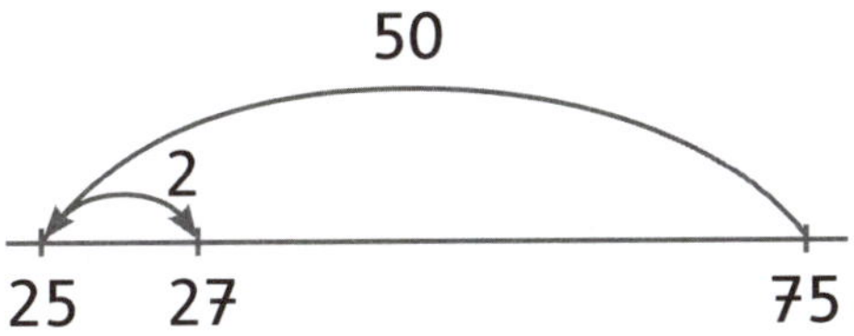

☐ H
☐ S

d)

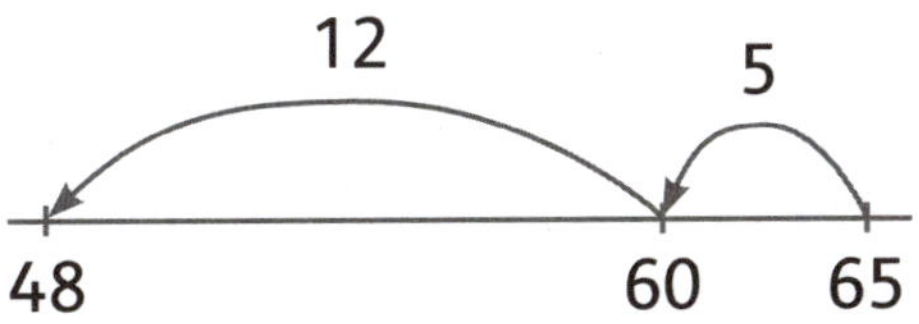

☐ H
☐ S

e)

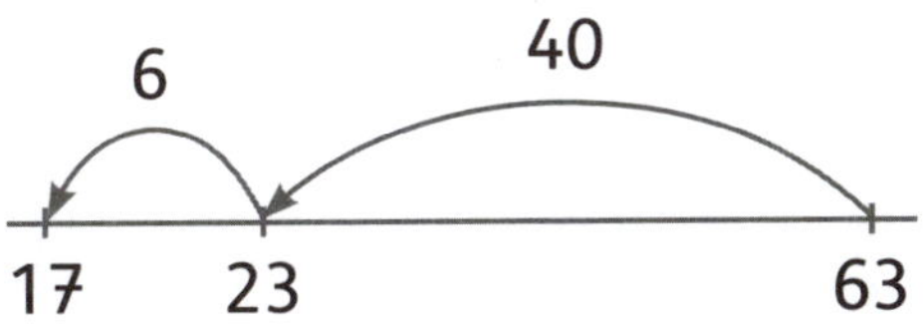

☐ H
☐ S

f)

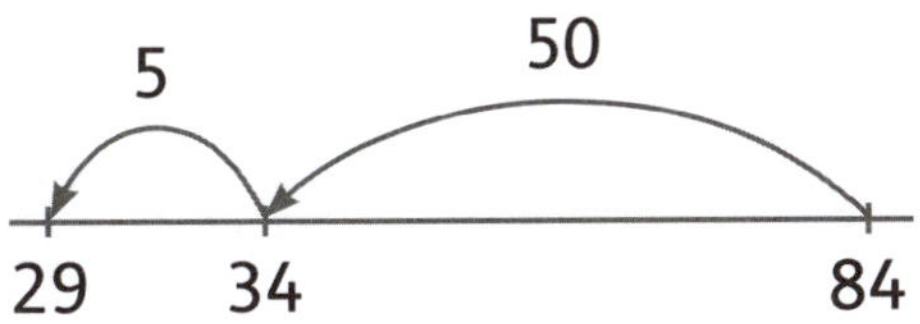

☐ H
☐ S

Geschickt subtrahieren

1 Wie rechnest du? Kreuze an.

Schrittweise (S), Zehner und Einer extra (Z/E) oder mit einer Hilfsaufgabe (H).

a) 54 − 26 = 28

54 − 20 = 34

34 − 6 = 28

☐ H
☒ S
☐ Z/E

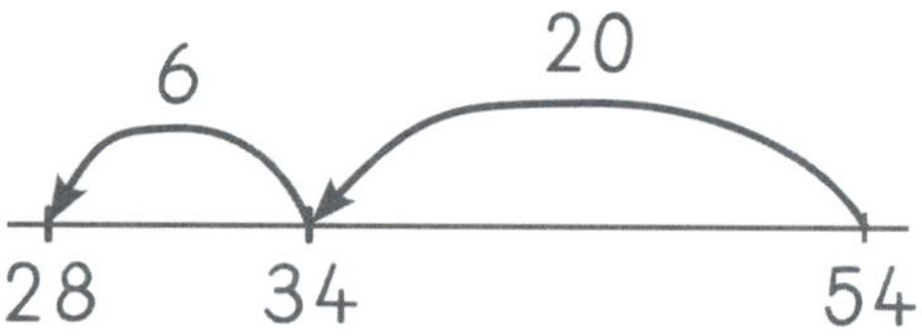

b) 64 − 28 = ____

☐ H
☐ S
☐ Z/E

c) 54 − 29 = ____

☐ H
☐ S
☐ Z/E

d) 53 − 38 = ____

☐ H
☐ S
☐ Z/E

Geschickt subtrahieren

2 Rechne geschickt. Wie rechnest du? Kreuze an.

a) 48 – 12 = ____

☐ H
☐ S
☐ Z/E

b) 74 – 39 = ____

☐ H
☐ S
☐ Z/E

c) 33 – 16 = ____

☐ H
☐ S
☐ Z/E

d) 99 – 88 = ____

☐ H
☐ S
☐ Z/E

e) 66 – 57 = ____

☐ H
☐ S
☐ Z/E

f) 94 – 26 = ____

☐ H
☐ S
☐ Z/E

g) 83 – 58 = ____

☐ H
☐ S
☐ Z/E

h) 81 – 44 = ____

☐ H
☐ S
☐ Z/E

Malaufgaben in der Umwelt

1 Schreibe immer eine Plusaufgabe und eine Malaufgabe.

a)

$5 + 5 + 5 = 15$

$3 \cdot 5 = 15$

b)

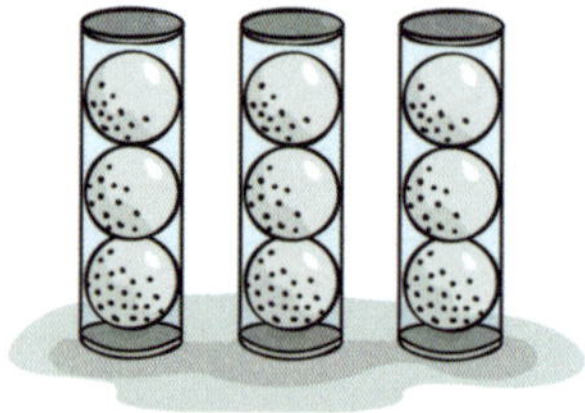

c)

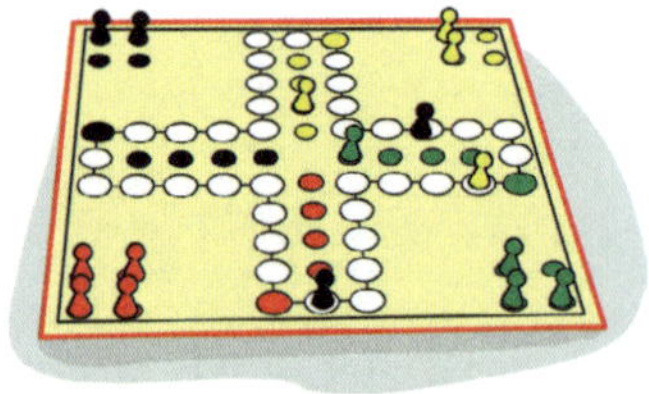

d)

e)

f)

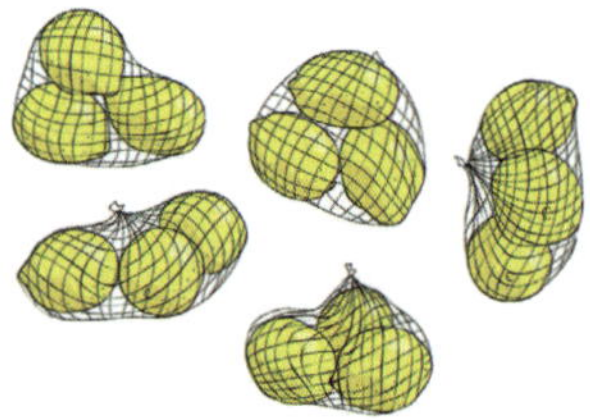

Malaufgaben in der Umwelt

2 Schreibe immer eine Plusaufgabe und eine Malaufgabe.

a)

$4 + 4 + 4 = 12$

$3 \cdot 4 = 12$

b)

c)

d)

e)

f)

Malaufgaben in der Umwelt

1 Zeichne und rechne.

a) Anna hat 2 Autos.
Jedes Auto hat 4 Räder.

b) Erik hat 5 Säcke.
In jedem Sack sind 3 Bälle.

c) Max hat 2 Füße.
An jedem Fuß sind 5 Zehen.

d) Frau Stein hat 3 Blumen.
Jede Blume hat 7 Blütenblätter.

Malaufgaben in der Umwelt

2

1 Schachtel
7 Buntstifte

a) 

2 Schachteln
____ Buntstifte

b) 

4 Schachteln
____ Buntstifte

c) 

5 Schachteln
____ Buntstifte

3

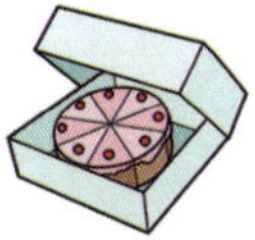

1 Torte
8 Stücke

a) 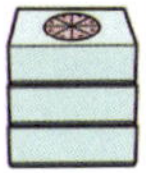

3 Torten
____ Stücke

b) 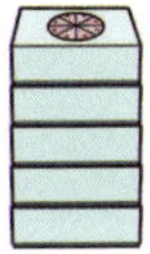

5 Torten
____ Stücke

c) 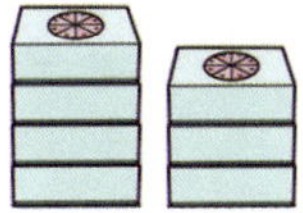

7 Torten
____ Stücke

4

1 Waffel
5 Herzen

a) 

3 Waffeln
____ Herzen

b) 

8 Waffeln
____ Herzen

c) 

9 Waffeln
____ Herzen

Malaufgaben am Punktefeld

1 Rechne die Malaufgabe.

a) Immer 6 in einer Reihe.

2 Sechser

2 · 6 =

Sechser

· =

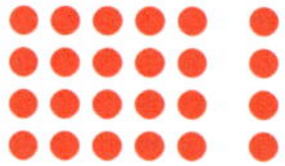

Sechser

· =

Sechser

· =

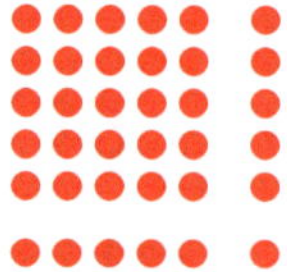

Sechser

· =

b) Immer 7 in einer Reihe.

3 Siebener

3 · 7 = 21

Siebener

· =

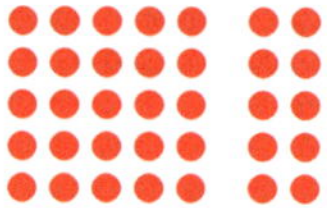

Siebener

· =

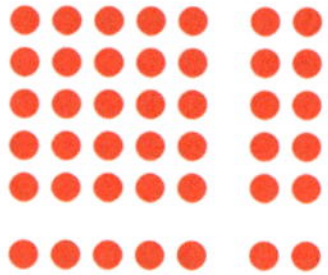

Siebener

· =

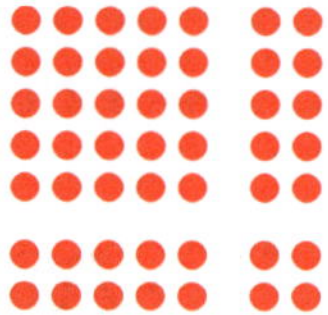

Siebener

· =

Malaufgaben am Punktefeld

2 Immer 8 in einer Reihe.

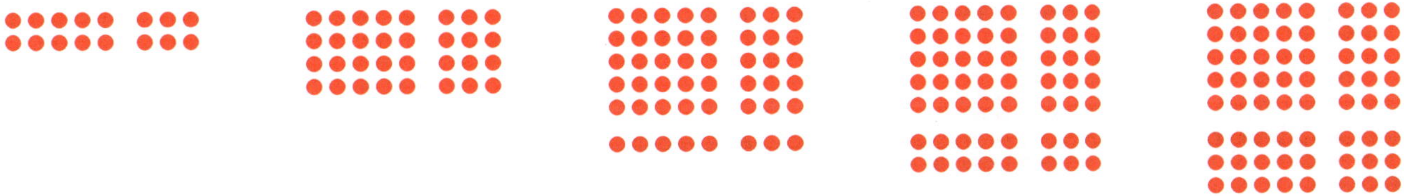

2 Achter — 2 · 8 =

Achter — · =

Achter — · =

Achter — · =

Achter — · =

3 Rechne die Malaufgabe.

a) Immer 4 in einer Reihe.

2 Vierer — 2 · 4 =

3 Vierer — · 4 =

4 Vierer — · 4 =

5 Vierer — · 4 =

6 Vierer — · 4 =

b) Immer 3 in einer Reihe.

2 Dreier — 2 · 3 =

3 Dreier — · 3 =

4 Dreier — · 3 =

5 Dreier — · 3 =

6 Dreier — · 3 =

Malaufgaben am Punktefeld

1 Finde die Malaufgabe. Decke ab und rechne.
Du kannst auch den Malwinkel nutzen.

a) Immer ein Vierer mehr.

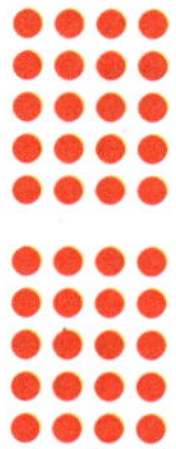

$3 \cdot 4 = 12$ $\qquad$ $7 \cdot 4 =$ ___
$4 \cdot 4 =$ ___ $\qquad$ $8 \cdot 4 =$ ___
$5 \cdot 4 =$ ___ $\qquad$ $9 \cdot 4 =$ ___
$6 \cdot 4 =$ ___ $\qquad$ $10 \cdot 4 =$ ___

b) Immer ein Sechser mehr.

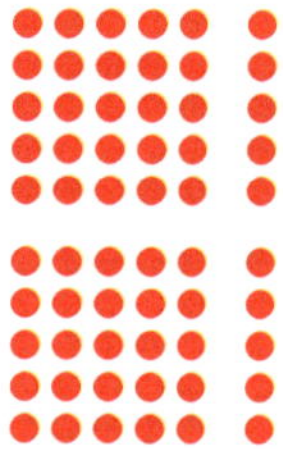

$0 \cdot 6 =$ ___ $\qquad$ $4 \cdot 6 =$ ___ $\qquad$ ___ $\cdot 6 =$ ___
$1 \cdot 6 =$ ___ $\qquad$ $5 \cdot 6 =$ ___ $\qquad$ ___ $\cdot 6 =$ ___
$2 \cdot 6 =$ ___ $\qquad$ ___ $\cdot 6 =$ ___ $\qquad$ ___ $\cdot 6 =$ ___
$3 \cdot 6 =$ ___ $\qquad$ ___ $\cdot 6 =$ ___

2

$5 \cdot 2 =$ ___ $\qquad$ $5 \cdot 3 =$ ___ $\qquad$ $5 \cdot 5 =$ ___ $\qquad$ $5 \cdot 8 =$ ___ $\qquad$ $5 \cdot 10 =$ ___
$6 \cdot 2 =$ ___ $\qquad$ $6 \cdot 3 =$ ___ $\qquad$ $6 \cdot 5 =$ ___ $\qquad$ $6 \cdot 8 =$ ___ $\qquad$ $6 \cdot 10 =$ ___
$7 \cdot 2 =$ ___ $\qquad$ $7 \cdot 3 =$ ___ $\qquad$ $7 \cdot 5 =$ ___ $\qquad$ $7 \cdot 8 =$ ___ $\qquad$ $7 \cdot 10 =$ ___

Malaufgaben am Punktefeld

3 Finde die Malaufgabe. Decke ab und rechne.
Du kannst auch den Malwinkel nutzen.

a) Immer 3-mal.

3 · 0 = ___
3 · 1 = ___
3 · 2 = 6
3 · 3 = ___

3 · 4 = ___
3 · 5 = ___
3 · 6 = ___
3 · 7 = ___

3 · 8 = ___
3 · 9 = ___
3 · 10 = ___

b) Immer 5-mal.

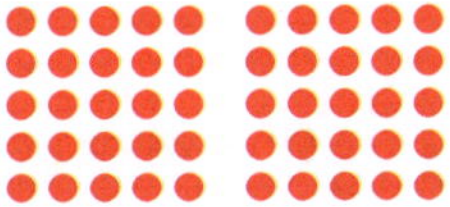

5 · 0 = ___
5 · 1 = ___
5 · 2 = 10
5 · 3 = ___

5 · 4 = ___
5 · 5 = ___
5 · ___ = ___
5 · ___ = ___

5 · ___ = ___
5 · ___ = ___
5 · ___ = ___

4

2 · 5 = ___
2 · 6 = ___
2 · 7 = ___

4 · 5 = ___
4 · 6 = ___
4 · 7 = ___

6 · 5 = ___
6 · 6 = ___
6 · 7 = ___

9 · 5 = ___
9 · 6 = ___
9 · 7 = ___

10 · 5 = ___
10 · 6 = ___
10 · 7 = ___

Tauschaufgaben und Quadrataufgaben

1 Rechne die Malaufgabe und die Tauschaufgabe.

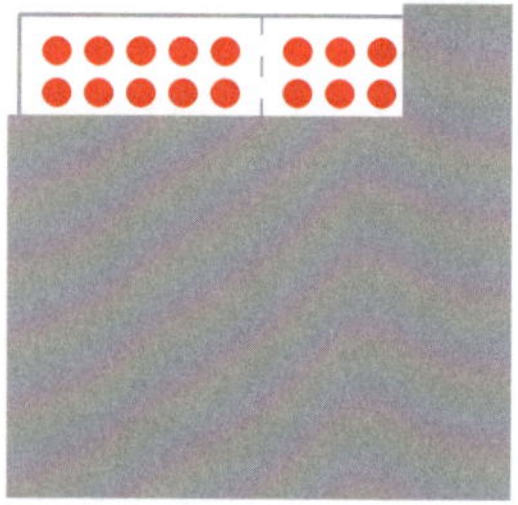

2 · 8 = ____

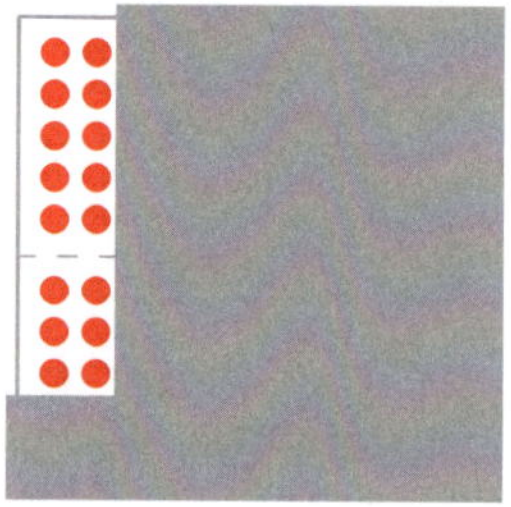

8 · 2 = ____

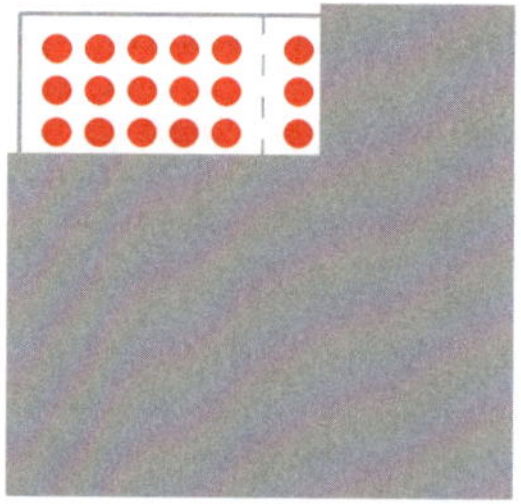

__ · __ = ____

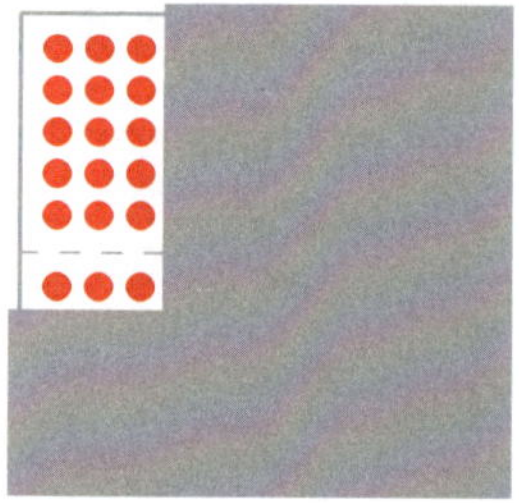

__ · __ = ____

2

4 · 6 = ____
6 · 4 = ____

5 · 7 = ____
__ · __ = ____

5 · 9 = ____
__ · __ = ____

6 · 8 = ____
__ · __ = ____

8 · 1 = ____
__ · __ = ____

7 · 4 = ____
__ · __ = ____

0 · 4 = ____
__ · __ = ____

7 · 2 = ____
__ · __ = ____

6 · 5 = ____
__ · __ = ____

9 · 2 = ____
__ · __ = ____

4 · 10 = ____
__ · __ = ____

4 · 9 = ____
__ · __ = ____

5 · 8 = ____
__ · __ = ____

9 · 5 = ____
__ · __ = ____

8 · 4 = ____
__ · __ = ____

Tauschaufgaben und Quadrataufgaben

Quadrat

3 Rechne die Quadrataufgabe.

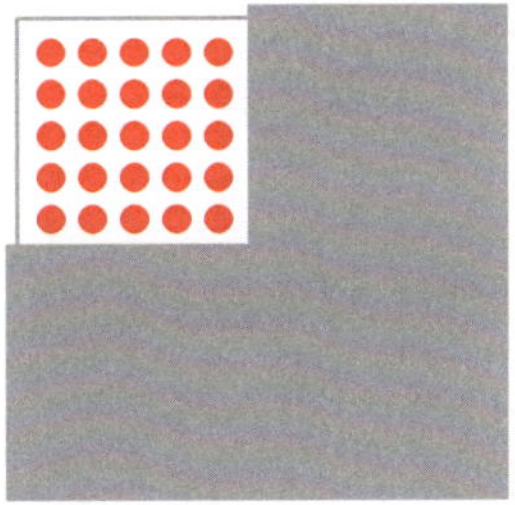

· =

· =

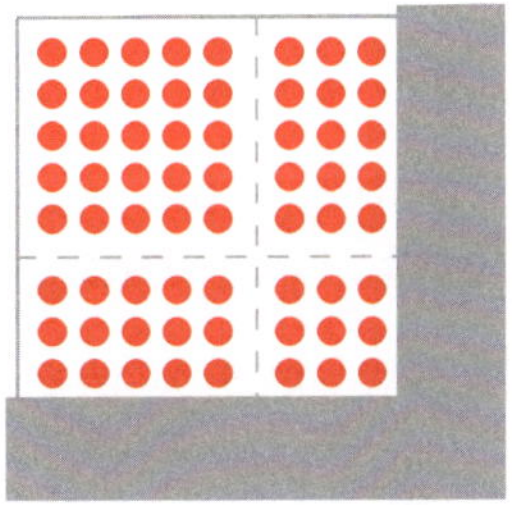

· =

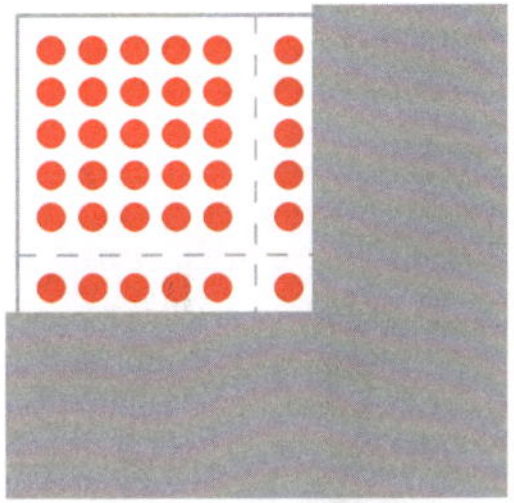

· =

4

· =

· =

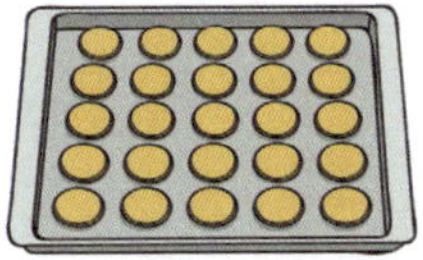

· =

· =

· =

· =

· =

· =

Einfache Malaufgaben

1 Immer das Doppelte. Malaufgaben mit 2.

a) 

1 · 4 = 4
2 · 4 = 8

b) 

1 · 5 = ____
2 · 5 = ____

c) 1 · 6 = ____
2 · 6 = ____

d) 1 · 7 = ____
2 · 7 = ____

e) 1 · 8 = ____
2 · 8 = ____

f) 1 · 9 = ____
2 · 9 = ____

g) 1 · 3 = ____
2 · 3 = ____

2 Immer das Zehnfache. Malaufgaben mit 10.

a) 

1 · 7 = ____
10 · 7 = ____

b) 

1 · 2 = ____
10 · 2 = ____

c) 1 · 4 = ____
10 · 4 = ____

d) 1 · 5 = ____
10 · 5 = ____

e) 1 · 6 = ____
10 · 6 = ____

f) 1 · 8 = ____
10 · 8 = ____

g) 1 · 9 = ____
10 · 9 = ____

Einfache Malaufgaben

3 Immer die Hälfte von 10-mal. Malaufgaben mit 5 .

a) 

1 · 5 = 5
5 · 5 = 25

b) 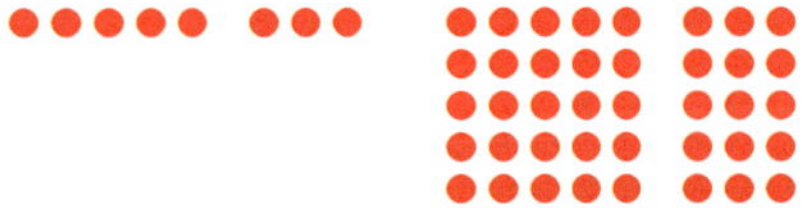

1 · 8 = ____
5 · 8 = ____

c) 1 · 10 = ____
5 · 10 = ____

d) 1 · 3 = ____
5 · 3 = ____

e) 1 · 6 = ____
5 · 6 = ____

f) 1 · 7 = ____
5 · 7 = ____

4 Rechne mit den einfachen Aufgaben.

1 · 1 = ____	1 · 6 = ____	1 · 7 = ____	1 · 8 = ____	1 · 9 = ____
2 · 1 = ____	2 · 6 = ____	2 · 7 = ____	2 · 8 = ____	2 · 9 = ____
5 · 1 = ____	5 · 6 = ____	5 · 7 = ____	5 · 8 = ____	5 · 9 = ____
10 · 1 = ____	10 · 6 = ____	10 · 7 = ____	10 · 8 = ____	10 · 9 = ____

2 · 2 = ____	2 · 4 = ____	2 · 5 = ____	2 · 3 = ____	2 · 0 = ____
5 · 2 = ____	5 · 4 = ____	5 · 5 = ____	5 · 3 = ____	5 · 0 = ____
10 · 2 = ____	10 · 4 = ____	10 · 5 = ____	10 · 3 = ____	10 · 0 = ____

Schwierige Malaufgaben

1 Aufgaben und Nachbaraufgaben.
Zeige am Punktefeld.

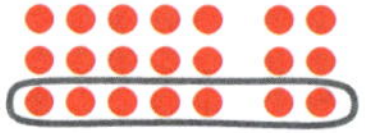

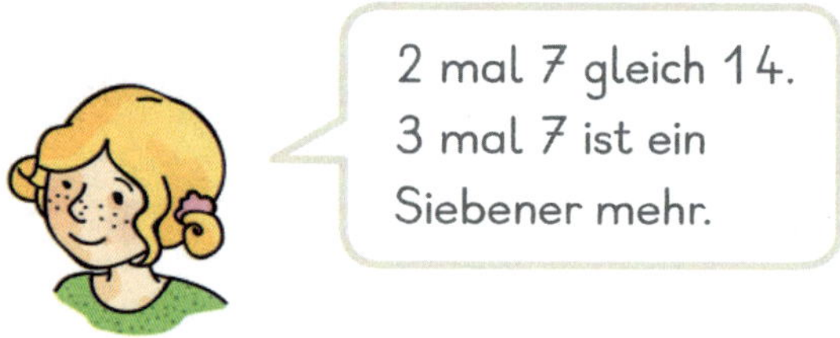

a) Immer 1-mal mehr. mit 2

$2 \cdot 7 =$ 14	$2 \cdot 8 =$ ___	$2 \cdot 6 =$ ___	$2 \cdot 3 =$ ___	$2 \cdot 2 =$ ___
$3 \cdot 7 =$ ___	$3 \cdot 8 =$ ___	$3 \cdot 6 =$ ___	$3 \cdot 3 =$ ___	$3 \cdot 2 =$ ___
$2 \cdot 4 =$ ___	$2 \cdot 10 =$ ___	$2 \cdot 5 =$ ___	$2 \cdot 9 =$ ___	$2 \cdot 0 =$ ___
$3 \cdot 4 =$ ___	$3 \cdot 10 =$ ___	$3 \cdot 5 =$ ___	$3 \cdot 9 =$ ___	$3 \cdot 0 =$ ___

b) Immer 1-mal mehr. mit 5

$5 \cdot 7 =$ 35	$5 \cdot 8 =$ ___	$5 \cdot 6 =$ ___	$5 \cdot 3 =$ ___	$5 \cdot 2 =$ ___
$6 \cdot 7 =$ ___	$6 \cdot 8 =$ ___	$6 \cdot 6 =$ ___	$6 \cdot 3 =$ ___	$6 \cdot 2 =$ ___
$5 \cdot 4 =$ ___	$5 \cdot 10 =$ ___	$5 \cdot 5 =$ ___	$5 \cdot 9 =$ ___	$5 \cdot 0 =$ ___
$6 \cdot 4 =$ ___	$6 \cdot 10 =$ ___	$6 \cdot 5 =$ ___	$6 \cdot 9 =$ ___	$6 \cdot 0 =$ ___

Schwierige Malaufgaben

2 Aufgaben und Nachbaraufgaben.
Zeige am Punktefeld.

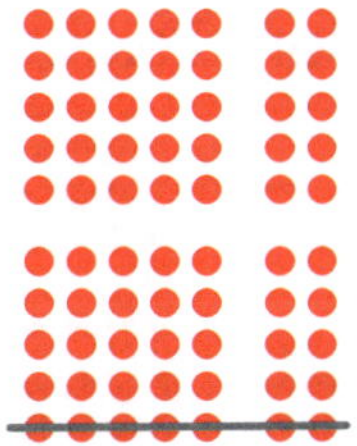

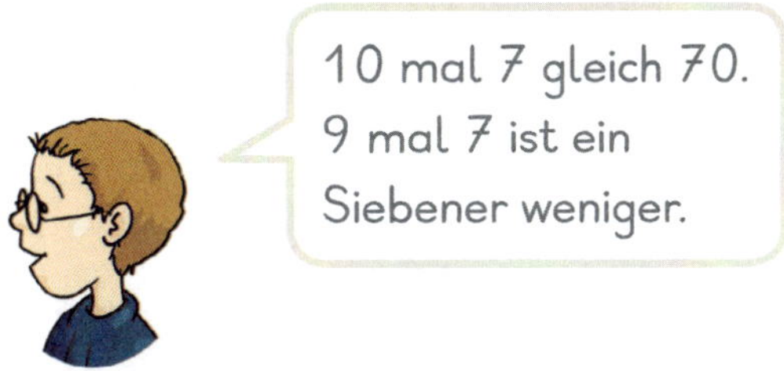

a) Immer 1-mal weniger. mit 10

$10 \cdot 7 =$ 70	$10 \cdot 8 =$ ___	$10 \cdot 6 =$ ___	$10 \cdot 3 =$ ___	$10 \cdot 2 =$ ___
$9 \cdot 7 =$ ___	$9 \cdot 8 =$ ___	$9 \cdot 6 =$ ___	$9 \cdot 3 =$ ___	$9 \cdot 2 =$ ___
$10 \cdot 4 =$ ___	$10 \cdot 10 =$ ___	$10 \cdot 5 =$ ___	$10 \cdot 9 =$ ___	$10 \cdot 0 =$ ___
$9 \cdot 4 =$ ___	$9 \cdot 10 =$ ___	$9 \cdot 5 =$ ___	$9 \cdot 9 =$ ___	$9 \cdot 0 =$ ___

b) Immer 1-mal weniger. mit 5

$5 \cdot 7 =$ 35	$5 \cdot 8 =$ ___	$5 \cdot 6 =$ ___	$5 \cdot 3 =$ ___	$5 \cdot 2 =$ ___
$4 \cdot 7 =$ ___	$4 \cdot 8 =$ ___	$4 \cdot 6 =$ ___	$4 \cdot 3 =$ ___	$4 \cdot 2 =$ ___
$5 \cdot 4 =$ ___	$5 \cdot 10 =$ ___	$5 \cdot 5 =$ ___	$5 \cdot 9 =$ ___	$5 \cdot 0 =$ ___
$4 \cdot 4 =$ ___	$4 \cdot 10 =$ ___	$4 \cdot 5 =$ ___	$4 \cdot 9 =$ ___	$4 \cdot 0 =$ ___

Schwierige Malaufgaben

1 Aufgaben und Nachbaraufgaben. Zeige am Punktefeld.

7 mal 7 gleich 49.
8 mal 7 ist ein Siebener mehr.

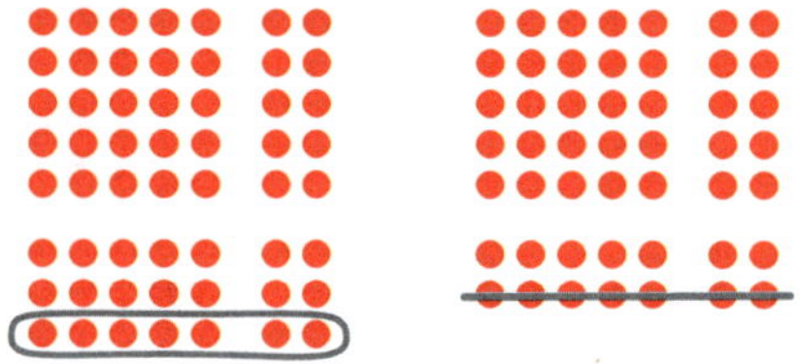

7 mal 7 gleich 49.
6 mal 7 ist ein Siebener weniger.

a) Immer 1-mal mehr. Quadrat

$7 \cdot 7 = 49$	$8 \cdot 8 =$ ___	$6 \cdot 6 =$ ___	$3 \cdot 3 =$ ___	$2 \cdot 2 =$ ___
$8 \cdot 7 =$ ___	$9 \cdot 8 =$ ___	$7 \cdot 6 =$ ___	$4 \cdot 3 =$ ___	$3 \cdot 2 =$ ___
$4 \cdot 4 =$ ___	$5 \cdot 5 =$ ___	$9 \cdot 9 =$ ___	$0 \cdot 0 =$ ___	
$5 \cdot 4 =$ ___	$6 \cdot 5 =$ ___	$10 \cdot 9 =$ ___	$1 \cdot 0 =$ ___	

b) Immer 1-mal weniger. Quadrat

$7 \cdot 7 = 49$	$8 \cdot 8 =$ ___	$6 \cdot 6 =$ ___	$3 \cdot 3 =$ ___	$2 \cdot 2 =$ ___
$6 \cdot 7 =$ ___	$7 \cdot 8 =$ ___	$5 \cdot 6 =$ ___	$2 \cdot 3 =$ ___	$1 \cdot 2 =$ ___
$4 \cdot 4 =$ ___	$10 \cdot 10 =$ ___	$5 \cdot 5 =$ ___	$9 \cdot 9 =$ ___	
$3 \cdot 4 =$ ___	$9 \cdot 10 =$ ___	$4 \cdot 5 =$ ___	$8 \cdot 9 =$ ___	

Schwierige Malaufgaben – Malaufgaben verändern

2 Rechne geschickt. Achte auf mit 2, mit 5, mit 10, Quadrat.

9 · 3 = ___	4 · 7 = ___	10 · 7 = ___	10 · 5 = ___	2 · 9 = ___
7 · 3 = ___	8 · 7 = ___	9 · 7 = ___	9 · 5 = ___	3 · 9 = ___
9 · 6 = ___	6 · 5 = ___	7 · 9 = ___	7 · 2 = ___	6 · 9 = ___
9 · 8 = ___	7 · 5 = ___	8 · 9 = ___	8 · 3 = ___	9 · 2 = ___
5 · 5 = ___	6 · 2 = ___	3 · 3 = ___	4 · 5 = ___	8 · 8 = ___
6 · 5 = ___	6 · 4 = ___	3 · 6 = ___	4 · 6 = ___	4 · 8 = ___

3

6 · 7 = ___	8 · 6 = ___	3 · 5 = ___	6 · 8 = ___
3 · 9 = ___	7 · 4 = ___	8 · 4 = ___	8 · 7 = ___
9 · 5 = ___	7 · 3 = ___	3 · 8 = ___	7 · 6 = ___
4 · 8 = ___	7 · 6 = ___	9 · 3 = ___	9 · 7 = ___

Malreihen: Zweier-, Fünfer- und Zehnerreihe

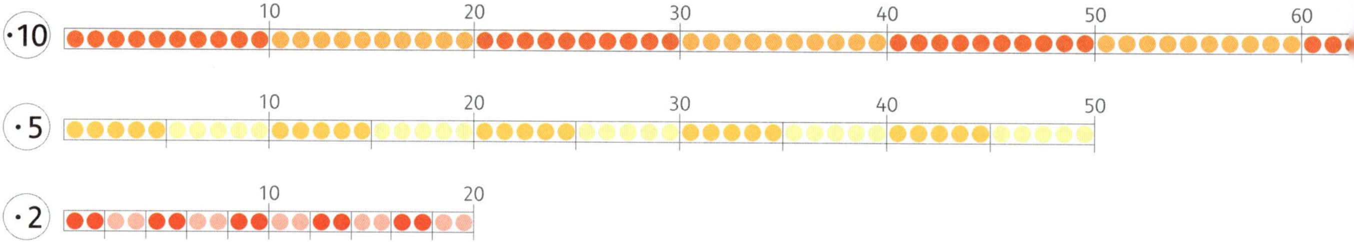

1 Zeige am Einmaleins-Plan und rechne.

1 · 5 = ____	3 · 5 = ____	5 · 5 = ____	7 · 5 = ____	9 · 5 = ____
1 · 10 = ____	3 · 10 = ____	5 · 10 = ____	7 · 10 = ____	9 · 10 = ____
1 · 2 = ____	3 · 2 = ____	5 · 2 = ____	7 · 2 = ____	9 · 2 = ____
2 · 5 = ____	4 · 5 = ____	6 · 5 = ____	8 · 5 = ____	10 · 5 = ____
2 · 10 = ____	4 · 10 = ____	6 · 10 = ____	8 · 10 = ____	10 · 10 = ____
2 · 2 = ____	4 · 2 = ____	6 · 2 = ____	8 · 2 = ____	10 · 2 = ____

2 Triff die Zahlen. Finde passende Malaufgaben.

15 = ____ · 5	45 = ____ · 5	18 = ____ · 2	30 = ____ · 10	12 = ____ · 2
16 = ____ · 2	25 = ____ · 5	20 = ____ · 5	14 = ____ · 2	70 = ____ · 10

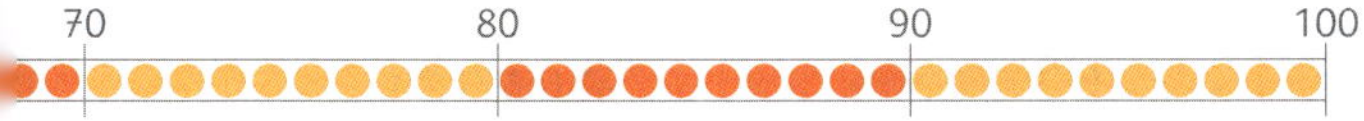

3 Maltabellen. Rechne aus.

·	2	5
6		

·	2	5
4		

·	5	10
3		

·	2	10
5		

·	2
3	
7	

·	
4	20
6	

·	
7	
9	45

·	
6	12
8	

4 Rechne die Ergebnisse aus Fünfer- und Zehnerreihe zusammen.

3 · 5 = 15
3 · 10 = 30
15 + 30 = 45

6 · 5 = ___
6 · 10 = ___
___ + ___ = ___

4 · 5 = ___
4 · 10 = ___
___ + ___ = ___

7 · 5 = ___
7 · 10 = ___
___ + ___ = ___

Malreihen: Dreier- und Sechserreihe

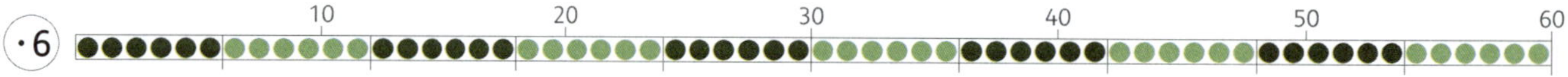

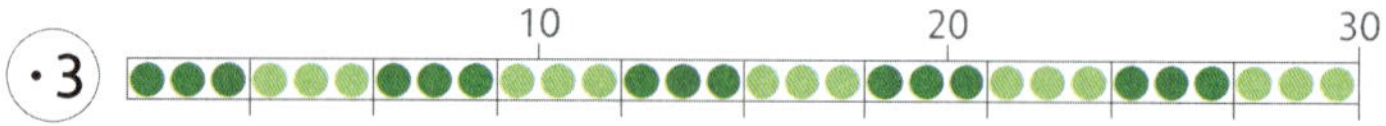

1 Zeige am Einmaleins-Plan und rechne.

2 · 3 = ___	7 · 3 = ___	9 · 3 = ___	1 · 3 = ___	3 · 3 = ___
2 · 6 = ___	7 · 6 = ___	9 · 6 = ___	1 · 6 = ___	3 · 6 = ___
4 · 3 = ___	5 · 3 = ___	6 · 3 = ___	10 · 3 = ___	8 · 3 = ___
4 · 6 = ___	5 · 6 = ___	6 · 6 = ___	10 · 6 = ___	8 · 6 = ___

2 Triff die Zahlen. Finde passende Malaufgaben.

24 = ___ · 3	54 = ___ · 6	21 = ___ · 3	18 = ___ · 6	27 = ___ · 3
48 = ___ · 6	9 = ___ · 3	36 = ___ · 6	15 = ___ · 3	24 = ___ · 6
12 = ___ · 3	42 = ___ · 6	18 = ___ · 3	60 = ___ · 6	0 = ___ · 3
30 = ___ · 6	6 = ___ · 3	0 = ___ · 6	30 = ___ · 3	12 = ___ · 6

Malreihen: Dreier- und Sechserreihe

3 Maltabellen.

·	3	6
7		

·	2	6
8		

·	5	6
6		

·	3	5
9		

·	
3	24
6	

·	
2	
6	60

·	4
6	
	8

·	3
	9
6	

4 Welche Zahlen passen?

0 1 2 3 4 5 6 7 8 9 10

____ · 6 < 20

0, 1, 2, 3

____ · 6 > 20

____ · 3 < 28

____ · 3 > 6

____ · 6 > 6

____ · 3 < 25

Malreihen: Viererreihe und Achterreihe

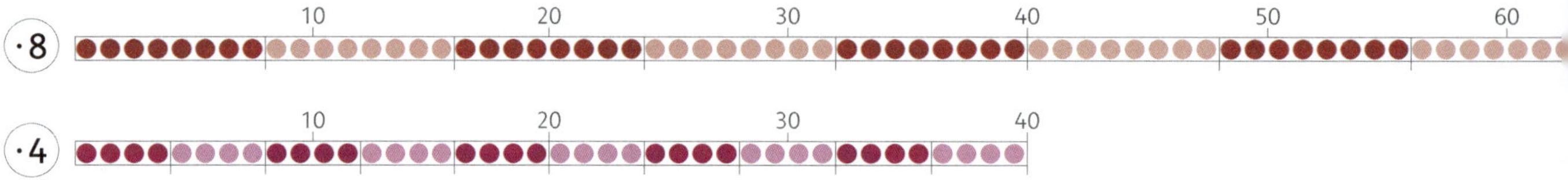

1 Rechne mit den Kernaufgaben.

2 · 4 = ___	2 · 8 = ___	5 · 8 = ___	5 · 4 = ___	10 · 4 = ___
3 · 4 = ___	3 · 8 = ___	4 · 8 = ___	4 · 4 = ___	9 · 4 = ___
10 · 8 = ___	5 · 4 = ___	2 · 8 = ___	10 · 4 = ___	5 · 8 = ___
8 · 8 = ___	7 · 4 = ___	4 · 8 = ___	8 · 4 = ___	7 · 8 = ___
1 · 8 = ___	2 · 8 = ___	3 · 8 = ___	4 · 8 = ___	5 · 8 = ___
2 · 4 = ___	4 · 4 = ___	6 · 4 = ___	8 · 4 = ___	10 · 4 = ___

2 Triff die Zahlen. Finde passende Malaufgaben.

32 = ___ · 4	16 = ___ · 8	40 = ___ · 5	8 = ___ · 2	24 = ___ · 4
32 = ___ · 8	16 = ___ · 4	40 = ___ · 4	8 = ___ · 4	24 = ___ · 8
	16 = ___ · 2	40 = ___ · 8	8 = ___ · 8	

Malreihen: Vierer- und Achterreihe

3 Rechne die Ergebnisse zusammen.

$2 \cdot 2 = 4$	$4 \cdot 4 =$ ___	$8 \cdot 8 =$ ___	$6 \cdot 3 =$ ___
$2 \cdot 4 = 8$	$4 \cdot 8 =$ ___	$8 \cdot 4 =$ ___	$6 \cdot 4 =$ ___
$4 + 8 =$ ___	___ + ___ = ___	___ + ___ = ___	___ + ___ = ___

4 Finde Malaufgaben.

Nimm alle Reihen, die du schon kannst.

24	16	40	32	20
$6 \cdot 4$	$8 \cdot 2$			
$4 \cdot 6$				

Malreihen: Neuner- und Siebenerreihe

·9 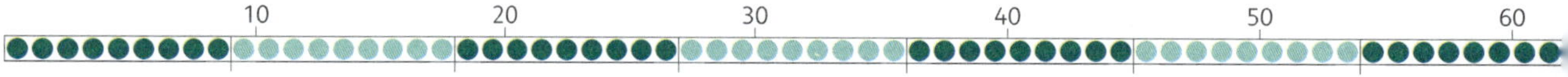

·7 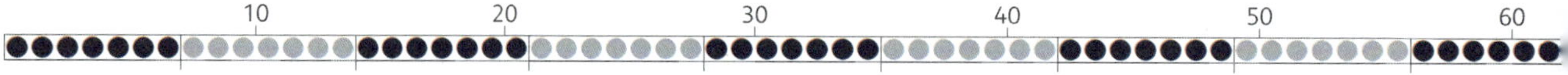

1 Zeige am Einmaleins-Plan und rechne.

5 · 7 = ____ 10 · 9 = ____ 2 · 7 = ____ 6 · 7 = ____ 9 · 9 = ____

5 · 9 = ____ 10 · 7 = ____ 2 · 9 = ____ 6 · 9 = ____ 9 · 7 = ____

4 · 7 = ____ 8 · 9 = ____ 1 · 7 = ____ 3 · 9 = ____ 7 · 7 = ____

4 · 9 = ____ 8 · 7 = ____ 1 · 9 = ____ 3 · 7 = ____ 7 · 9 = ____

2 Eine Woche hat 7 Tage.

Wochen	1				5					10
Tage	7									

a) Ein Katzenbaby wird etwa 7 Wochen von der Katzenmutter gestillt.
Wie viele Tage sind es? ____________________

b) Ein Katzenbaby kann erst nach der 8. Lebenswoche lernen, alleine zu leben.
Wie viele Tage muss es bei seiner Mutter bleiben? ____________________

Malreihen: Neuner- und Siebenerreihe

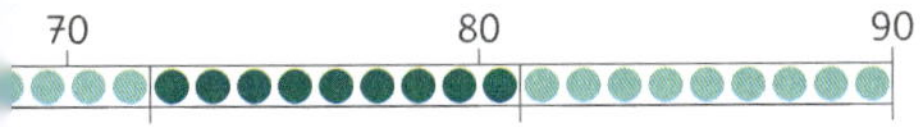

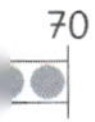

3 Maltabellen.

·	2	
7		28
9		

·	7	9
3		
		54

·	1	
7		35
9		

·	7	9
	49	
8		

4 Welche Zahlen passen?

0 1 2 3 4 5 6 7 8 9 10

___ $\cdot 7 < 20$

___ $\cdot 9 < 40$

___ $\cdot 7 > 45$

___ $\cdot 9 > 50$

___ $\cdot 9 < 20$

___ $\cdot 7 < 7$

___ $\cdot 9 > 55$

___ $\cdot 9 < 9$

Geteiltaufgaben in der Umwelt

1 Finde Geteiltaufgaben.

a) Immer 3 zusammen.

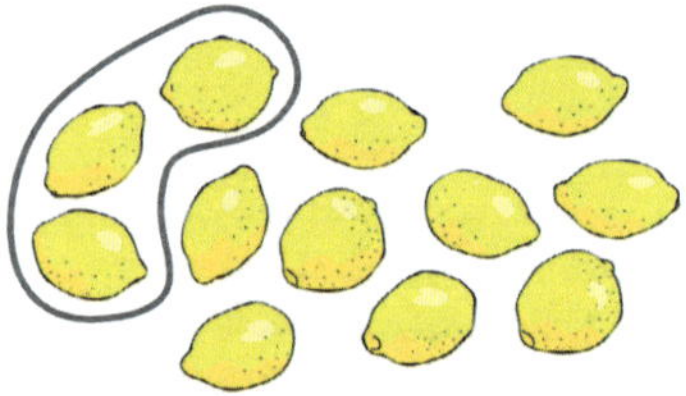

12 : 3 = ______

b) Immer 4 zusammen.

______

c) Immer 2 zusammen.

______

d) Immer 4 zusammen.

______

e) Immer 6 zusammen.

______

f) Immer 8 zusammen.

______

Geteiltaufgaben in der Umwelt

2 Zeichne und rechne.

a) Petra packt 15 Bälle in Säcke.
In jedem Sack sind 5 Bälle.

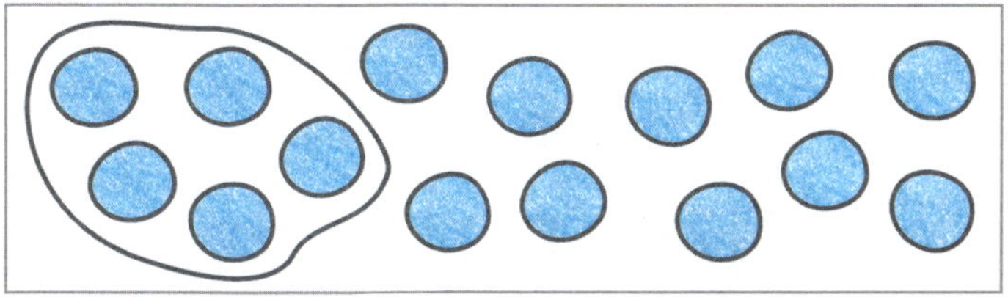

b) 15 Kinder bilden Gruppen.
In jeder Gruppe sind 3 Kinder.

c) Tom hat 20 Murmeln.
Immer 5 Murmeln kommen in eine Tüte.

d) Mila hat 20 Blumen gekauft.
Immer 4 Blumen kommen in eine Vase.

Geteiltaufgaben in der Umwelt

1 Finde Geteiltaufgaben. Wie viele bekommt jedes Kind?

a) 

18 : 3 =

b) 

c) 

d) 

e) 

f) 

Geteiltaufgaben in der Umwelt

2 Wie viele Karten für jedes Kind? 24 Karten verteilt an ...

a) ... 8 Kinder.

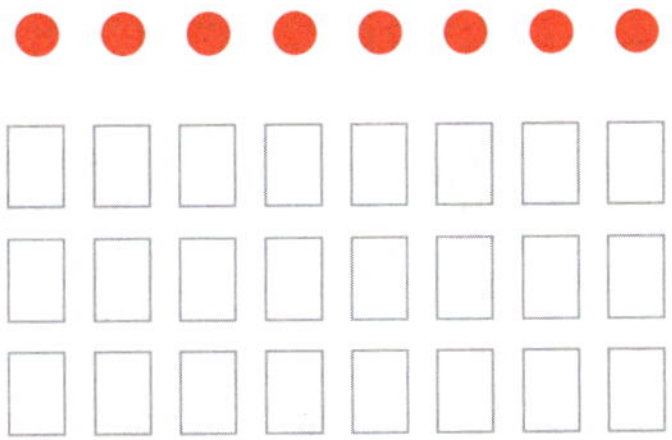

24 : 8 = ____

____ Karten pro Kind

b) ... 3 Kinder.

24 : ____ = ____

____ Karten pro Kind

c) ... 6 Kinder.

____ : ____ = ____

____ Karten pro Kind

3 Wie viele Kinder pro Gruppe? 20 Kinder insgesamt, in ...

a) ... 5 Gruppen.

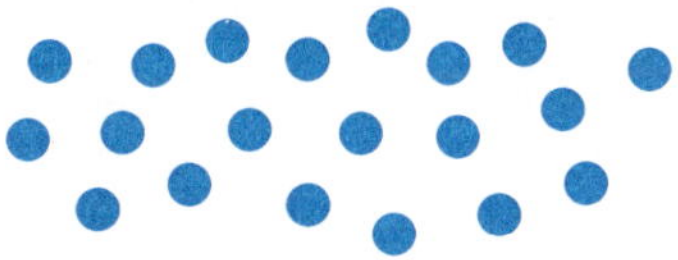

20 : 5 = ____

____ Kinder pro Gruppe.

b) ... 4 Gruppen.

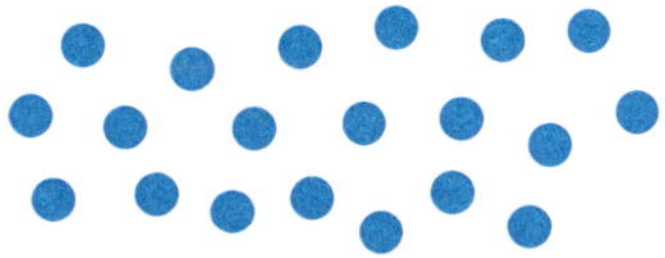

20 : ____ = ____

____ Kinder pro Gruppe.

c) ... 10 Gruppen.

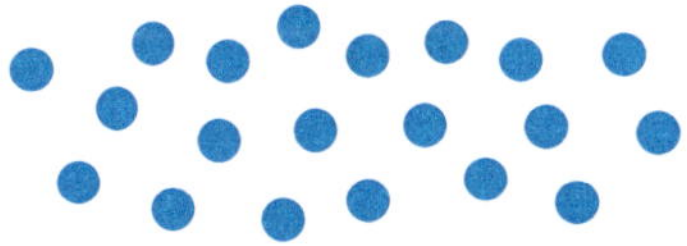

____ : ____ = ____

____ Kinder pro Gruppe.

Geteiltaufgaben am Punktefeld

1 Finde immer die Malaufgabe und Geteiltaufgabe.

Immer 5 in einer Gruppe.

a) 20 Punkte

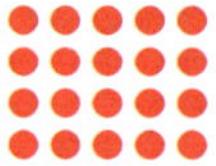

4 · 5 = 20

20 : 5 = 4

b) 30 Punkte

___ · 5 = 30

30 : 5 = ___

c) 35 Punkte

___ · 5 = 35

35 : 5 = ___

d) 45 Punkte

___ · 5 = ___

___ : 5 = ___

e) 15 Punkte

___ · 5 = ___

___ : 5 = ___

2 Immer 4 in einer Gruppe.

a) 12 Punkte

___ · 4 = 12

12 : 4 = ___

b) 20 Punkte

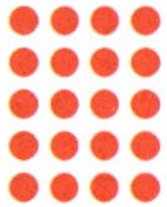

___ · 4 = 20

20 : 4 = ___

c) 16 Punkte

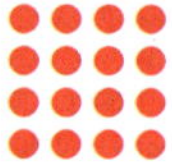

___ · ___ = ___

___ : ___ = ___

d) 32 Punkte

___ · ___ = ___

___ : ___ = ___

e) 28 Punkte

___ · ___ = ___

___ : ___ = ___

Geteiltaufgaben am Punktefeld

3 Immer 3 in einer Gruppe.

a) 12 Punkte

4 · 3 = 12
12 : 3 = 4

b) 6 Punkte

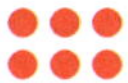

___ · 3 = 6
6 : 3 = ___

c) 15 Punkte

___ · 3 = 15
15 : 3 = ___

d) 21 Punkte

___ · ___ = ___
___ : ___ = ___

e) 18 Punkte

___ · ___ = ___
___ : ___ = ___

4 Immer 2 in einer Gruppe.

a) 10 Punkte
___ · 2 = 10
10 : 2 = ___

b) 12 Punkte
___ · 2 = 12
12 : 2 = ___

c) 6 Punkte
___ · ___ = ___
___ : ___ = ___

d) 14 Punkte
___ · ___ = ___
___ : ___ = ___

e) 18 Punkte
___ · ___ = ___
___ : ___ = ___

5 Immer 6 in einer Gruppe.

a) 18 Punkte
___ · 6 = 18
18 : 6 = ___

b) 12 Punkte
___ · 6 = 12
12 : 6 = ___

c) 30 Punkte
___ · ___ = ___
___ : ___ = ___

d) 42 Punkte
___ · ___ = ___
___ : ___ = ___

e) 36 Punkte
___ · ___ = ___
___ : ___ = ___

Geteiltaufgaben am Punktefeld

1 Finde immer die Malaufgabe und die Geteiltaufgabe.
Decke am Punktefeld ab und rechne.

a) Immer Vierer.

____ · 4 = 12, also 12 : 4 = ____
____ · 4 = 8, also 8 : 4 = ____
____ · 4 = 20, also 20 : 4 = ____
____ · 4 = 16, also 16 : 4 = ____
____ · 4 = 24, also 24 : 4 = ____
____ · 4 = 28, also 28 : 4 = ____

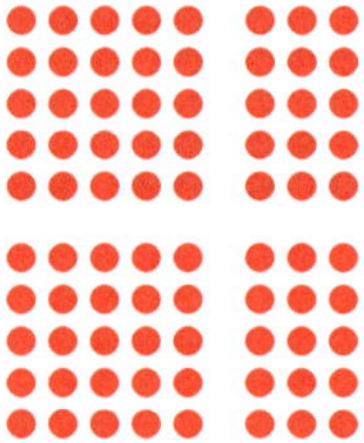

b) Immer Achter.

____ · 8 = 16, also 16 : 8 = ____
____ · 8 = 24, also 24 : 8 = ____
____ · 8 = 40, also 40 : 8 = ____
____ · 8 = 32, also 32 : 8 = ____
____ · 8 = 48, also 48 : 8 = ____
____ · 8 = 64, also 64 : 8 = ____

c) Immer Fünfer.

____ · 5 = 15, also 15 : 5 = ____
____ · 5 = 25, also 25 : 5 = ____
____ · 5 = 40, also 40 : 5 = ____
____ · 5 = 30, also 30 : 5 = ____
____ · 5 = 45, also 45 : 5 = ____
____ · 5 = 50, also 50 : 5 = ____

Geteiltaufgaben am Punktefeld

2 Finde immer die Malaufgabe und die Geteiltaufgabe.
Decke am Punktefeld ab und rechne.

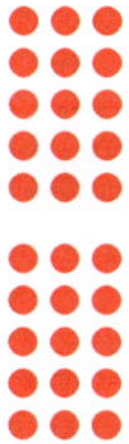

a) Immer Dreier.

12 : 3 = ___	___ · 3 = 12	6 : 3 = ___	___ · 3 = 6
15 : 3 = ___	___ · 3 = 15	9 : 3 = ___	___ · 3 = 9
18 : 3 = ___	___ · 3 = 18	30 : 3 = ___	___ · 3 = 30

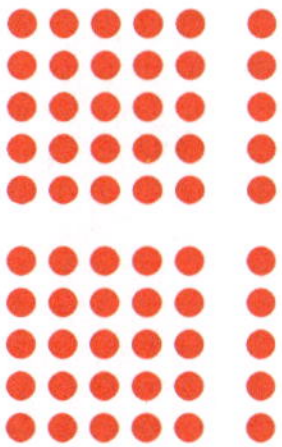

b) Immer Sechser.

12 : 6 = ___	___ · 6 = 12	18 : 6 = ___	___ · 6 = 18
24 : 6 = ___	___ · 6 = 24	30 : 6 = ___	___ · 6 = 30
48 : 6 = ___	___ · 6 = 48	54 : 6 = ___	___ · 6 = 54

3

a)

___ · 9 = 18	___ · 9 = 27	___ · 9 = 45	___ · 9 = 36	___ · 9 = 54
18 : 9 = ___	27 : 9 = ___	45 : 9 = ___	36 : 9 = ___	54 : 9 = ___

b)

___ · 7 = 21	___ · 7 = 14	___ · 7 = 35	___ · 7 = 28	___ · 7 = 49
21 : 7 = ___	14 : 7 = ___	35 : 7 = ___	28 : 7 = ___	49 : 7 = ___

Einfache Geteiltaufgaben

1 Geteiltaufgaben mit 2 .

a) 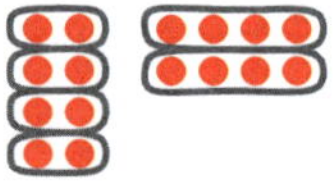

8 : 2 = 4

8 : 4 = 2

b) 

12 : 2 = ___

12 : ___ = 2

c) 16 : 2 = ___
16 : ___ = 2

d) 14 : 2 = ___
14 : ___ = 2

e) 20 : 2 = ___
20 : ___ = 2

f) 18 : 2 = ___
18 : ___ = 2

2 Geteiltaufgaben mit 10 .

a) 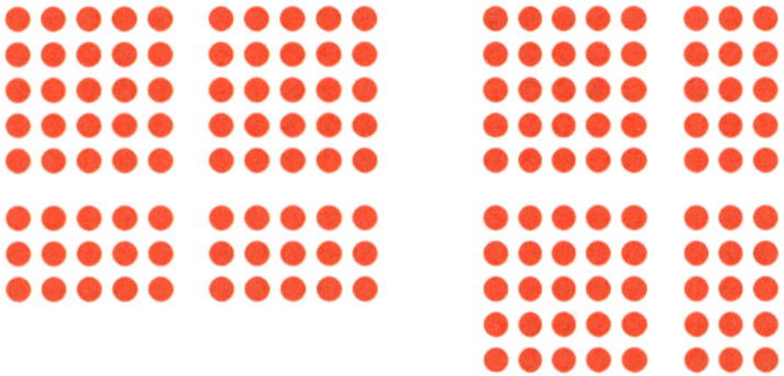

80 : 10 = ___

80 : ___ = 10

b) 90 : 10 = ___
90 : ___ = 10

c) 40 : 10 = ___
40 : ___ = 10

d) 30 : 10 = ___
30 : ___ = 10

e) 50 : 10 = ___
50 : ___ = 10

f) 70 : 10 = ___
70 : ___ = 10

Einfache Geteiltaufgaben

3 Geteiltaufgaben mit 5 .

a) 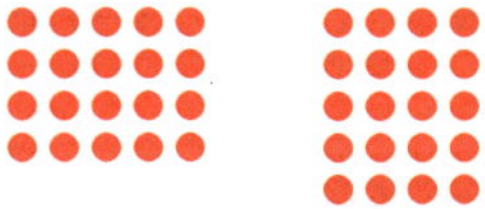

20 : 5 = ___

20 : ___ = 5

b) 15 : 5 = ___
15 : ___ = 5

c) 10 : 5 = ___
10 : ___ = 5

d) 35 : 5 = ___
35 : ___ = 5

e) 40 : 5 = ___
40 : ___ = 5

4 Geteilt durch 10 und durch 5. Rechne und vergleiche.

a) 

20 : 10 = ___
20 : 5 = ___

b) 40 : 10 = ___
40 : 5 = ___

c) 30 : 10 = ___
30 : 5 = ___

d) 70 : 10 = ___
35 : 5 = ___

e) 60 : 10 = ___
30 : 5 = ___

f) 80 : 10 = ___
40 : 5 = ___

g) 90 : 10 = ___
45 : 5 = ___

5 a) 20 : 5 = ___
20 : 4 = ___

b) 35 : 5 = ___
35 : 7 = ___

c) 45 : 5 = ___
45 : ___ = 5

d) 40 : 5 = ___
40 : ___ = 5

Schwierige Geteiltaufgaben

1 Nachbaraufgaben mit 2 .

a) 8 : 4 = 2

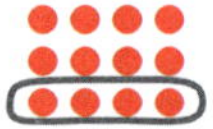

12 : 4 = ____

b) 6 : 3 = 2

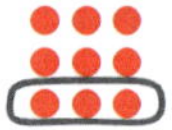

9 : 3 = ____

c) 12 : 6 = ____

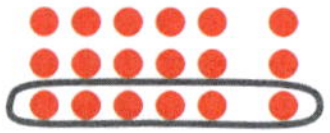

18 : 6 = ____

d) 16 : 8 = ____

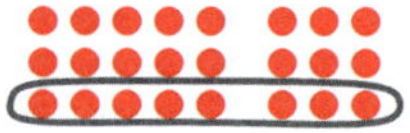

24 : 8 = ____

e) 14 : ____ = ____

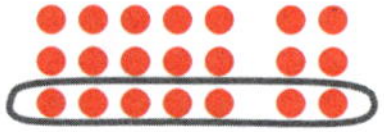

21 : ____ = ____

2 Nachbaraufgaben mit 10 .

a) 40 : 4 = 10

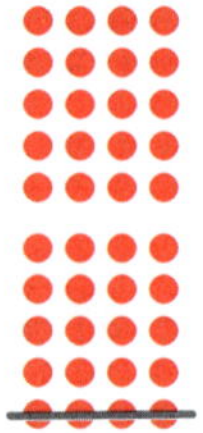

36 : 4 = ____

b) 30 : 3 = 10

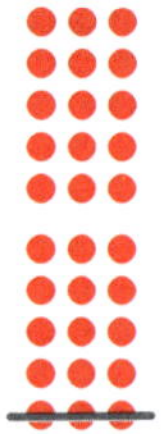

27 : 3 = ____

c) 60 : 6 = ____

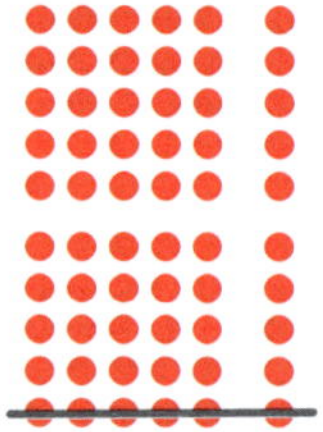

54 : 6 = ____

d) 80 : 8 = ____

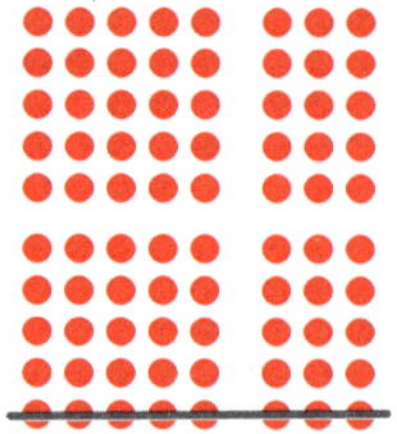

72 : 8 = ____

e) 70 : ____ = ____

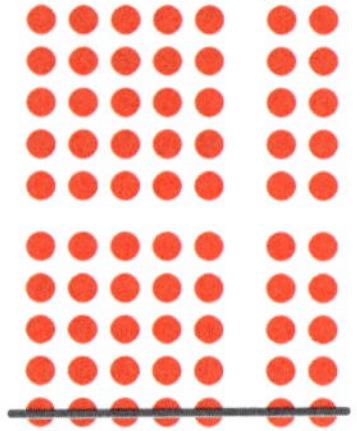

63 : ____ = ____

3

a) 27 : 9 = ____
81 : 9 = ____

b) 54 : 6 = ____
18 : 6 = ____

c) 63 : 7 = ____
21 : 7 = ____

d) ____ : 6 = 2
____ : 6 = 3

e) ____ : 4 = 10
____ : 4 = 9

Schwierige Geteiltaufgaben

4 Nachbaraufgaben mit 5.

a) 20 : 4 = 5

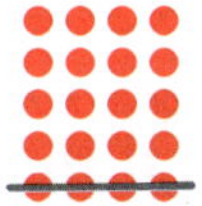

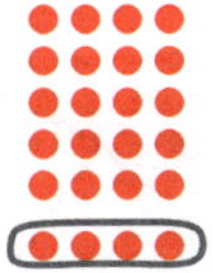

16 : 4 = 4   24 : 4 = ___

b) 30 : 6 = 5

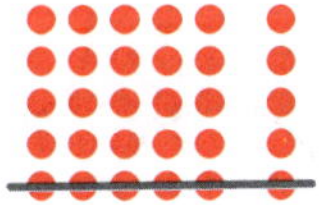

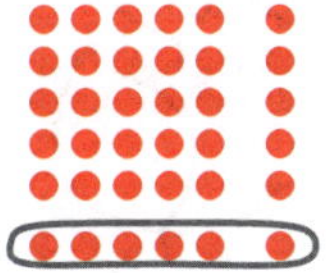

24 : 6 = ___   36 : 6 = ___

5

40 : 8 = 5	30 : 6 = ___	15 : 3 = ___	35 : 7 = ___	20 : 4 = ___
32 : 8 = ___	24 : 6 = ___	18 : 3 = ___	42 : 7 = ___	24 : 4 = ___
24 : 8 = ___	18 : 6 = ___	21 : 3 = ___	49 : 7 = ___	28 : 4 = ___

6

9 : 3 = ___	16 : 4 = ___	25 : 5 = ___	64 : 8 = ___	36 : 6 = ___
12 : 3 = ___	12 : 4 = ___	30 : 5 = ___	56 : 8 = ___	42 : 6 = ___
15 : 3 = ___	8 : 4 = ___	35 : 5 = ___	48 : 8 = ___	48 : 6 = ___

Das habe ich geschafft!

Male die Blätter aus. Für jede fertige Seite eins.